心若优雅，自有力量

【英】塞缪尔·斯迈尔斯◎著

静涛◎译

台海出版社

图书在版编目（CIP）数据

心若优雅，自有力量 / (英) 斯迈尔斯著；静涛译 .
-- 北京 : 台海出版社, 2018.1

　　ISBN 978-7-5168-1729-2

　　Ⅰ . ①心… Ⅱ . ①斯… ②静… Ⅲ . ①成功心理—青
年读物 Ⅳ . ①B848.4-49

　　中国版本图书馆CIP数据核字（2017）第317988号

心若优雅，自有力量

著　　者：(英)斯迈尔斯	译　　者：静　涛
责任编辑：姚红梅	装帧设计：MM末末美书
版式设计：阎万霞	责任印制：蔡　旭

出版发行：台海出版社

地　　址：北京市东城区景山东街20号　邮政编码：100009

电　　话：010—64041652（发行，邮购）

传　　真：010—84045799（总编室）

网　　址：www.taimeng.org.cn/thcbs/default.htm

E – mail：thcbs@126.com

经　　销：全国各地新华书店

印　　刷：保定市西城胶印有限公司

本书如有破损、缺页、装订错误，请与本社联系调换

开　　本：880mm×1280mm	1/32
字　　数：140千字	印　张：7
版　　次：2018年5月第1版	印　次：2018年5月第1次印刷
书　　号：ISBN 978-7-5168-1729-2	

定　　价：29.00元

出版说明

英国19世纪的道德学家、社会改革家和散文随笔作家、著名成功学家导师塞缪尔·斯迈尔斯的作品《自己拯救自己》一度被当作欧美青年读者的人生教科书。鉴于渴望成功的人需要内心强大，才能怀抱希望，进而实现梦想，我们根据内容的不同将《自己拯救自己》分为三册，希望能够给许许多多找不到方向的人，走了弯路的人予以指引，引导他们更快成功。

"经典永不过时"，那些激励过一代代年轻人的话语和事例在今天依然有用。但由于作者所处的时代与社会环境与当下的中国有较大的差异，故文中的许多现实状况与观点对现在中国的读者较为陌生。请读者阅读时注意，文中的观点仅代表原作者的观点。文中提到的"当代""现代"等指的是作者所处的时代。在选编时我们已做出了一系列修订，若还有不足之处，敬请读者指出。我们会在再版时加以改正，谨在此致以真挚的谢意。谢谢！

塞缪尔·斯迈尔斯（1812—1904），英国人，他被包括卡耐基在内的后人尊崇为成功学的导师。事实上，斯迈尔斯的身份，不仅仅是成功学家，他还是一个卓越的政治改革家和受人尊敬的道德学家。也正因为这一点，他的作品具有一层更深的意义，其所蕴涵的思想价值超出了一般意义上的"成功学"，带有浓重的哲学意味。

甚至可以说，斯迈尔斯首先注重的是西方近现代的文明和秩序，他的成功学著作中有一部分是讲道德文明，对后世产生了深远的影响。其作品畅销全球100多年而不衰，成为世界各地尤其是欧美年轻人的人生教科书，甚至有人称其作品为"文明素养的经典手册""人格修炼的《圣经》"。

本书是根据斯迈尔斯作品中有关一个人如何抚平内心的浮躁，做一个优雅而内心强大的人而编选的内容。事实上，我们之所以编撰这本书，是想以此帮助那些烦恼焦虑的人，让他们勇敢面对。

在这本书中，我们借"优雅""淡定""内心强大""善良"等关键词，作为引导全书的主要论点，讲述年轻人遇到困难和问题要怎么解决，针对性地论述年轻人在逆境时，应该如何转变心态；在遇到打击和意外的时候，如何坚持自我；处于低谷时候，如何学习和积累知识和力量，重新振作起来；什么样的性格能保证你立于不败之地。年轻的我们都会有不如意的时候，都会有面对困难的时候，当这些发生时，如何保持自身的优雅姿态，以良好的心态度过，是每个读者心中的渴望，也是每个年轻人要掌握的知识和经验。

本书是斯迈尔斯写给年轻人的成长指南，帮助年轻读者在成长中更加自信，完善自我，拥有敢于前进的力量。相信本书能够给读者信心和鼓舞，希望和力量，希望每个读者都能通过阅读本书，找到属于自己的那一份优雅、淡定、从容和自信。

目录
Contents

心灵美让你更优雅

唯有勤俭才能获得长久幸福

不论何时，你要对自己的人生负责

塞缪尔·斯迈尔斯名言

心灵美让你更优雅

常听人说心灵美才是真的美。而那些拥有美好心灵的人，一般善良、有同情心、温和，他们毕生追求的是真善美。

同情心的伟大意义

同情心是一种奇妙的感情，不仅能够让两个人相互联系，还能让人的心变得柔软起来。

同情心是我们对抗恶势力的最佳武器，它还能赋予我们更多的美好品德。它一直伴随着生命周而复始地出现，保证了人类心灵的纯洁。

在圣约翰老年的时候，他不顾自己行动不便，由别人扶着去观看一场儿童聚会。这场聚会是由教会举行的，人们邀请圣约翰给孩子们说几句话，老人颤巍巍地直起身子，说："亲爱的孩子们，请善意对待你周围的每个人。"接着他重复了一遍，"请爱你周围所有人。"人们疑惑不解，问他："您还有其他话想说吗？"老人答道："不要以为我老糊涂了，总是说同样的话。要是你们能做到我说的那样，其他的都将不再重要。"

爱心是构成同情心的最主要因素，这是所有国家、所有人们的共同认识，直接地说，同情心需要的就是我们的爱心和无私奉献。全心全意为别人着想，站在别人的角度上思考问题。要是我们心里没有爱，也就没有同情心，不会去帮助困难的人。当我们用自己的同情心和善良去帮助别人的时候，双方都将感受到心灵的温暖。用自己的爱心来帮助别人，别人在得到帮助后产生感激之情，于是也会用爱心去帮助更多的人。

凯隆·法拉尔在描述他们的工作时说："付出再多身体上的行动也比不上一个人的同情心所带来的影响。幸福更多地需要心灵上的改变，而不是一味地埋头苦干，要是思想不发生变化，做再多的事也无用。如果所有的地位、财富都离开了他，并且身患疾病，他仍然能乐观积极地面对生活，那么支撑他的只可能是心灵和思想。现在我们知道，没有同情心的生活将会多么困难。"

不能否认社会上有一些人并不喜欢善行，不过他们无法拒绝心怀慈悲的人。也许他们可以克服很多困难，但是这样的拒绝他们很难做到。一些身份低贱的人总会受到别人的唾弃和厌恶，但是这不能剥夺他们应该得到救助的基本权利。边沁是英国的法学家和伦理家，他的观点告诉我们：快乐和幸福不分高低贵贱，原始社会的人类和我们感受到的是同一种情感。

同情心能打开我们内心深处紧闭的大门，那里住着许多轻易不出现的感情。就算是彪形大汉、乡野匹夫也会让同情心惹出眼泪来。野蛮的行为解决不了所有事，还会使人们产生反感，不如用你的爱心来化解矛盾，体贴温柔的话语和行动可以把人们的戒备心消除，让事情的结局变得美好。一首诗里说："粗暴解决了一半，温柔却能解决全部。"

社会上的公益事业都是同情心在人们身上的完美体现，它促使人们去帮助那些需要帮助的人。改善贫困、苦难地方的人们的生活和经济；把新知识带到偏远落后的地区；让劳动人民的生活有更多更好的保障；让破裂的家庭重新传出幸福的笑声。任何一个人都有义务去帮助别人，当你有了比别人多的知识、财富和能力的时候，你的奉献应该还要多一些。那些需要帮助的人们正等着你的到来。

　　传播爱心不一定要很多的钱和很高的智慧，钱不是万能的。基督教能传遍大半个罗马，靠的是保罗和信徒们的不懈努力和坚定信念，钱只是其中很少一部分原因。基督教中的社会学说得到很多人的尊崇，是因为它提倡人们之间要相互爱戴。"帮助别人，总有一天别人也会帮助你"。富裕、强大、智慧的人帮助贫困、弱小、落后的人，当然，贫困、弱小的人也可以帮助富有、强大的人，底层阶级作出的贡献并不比上流阶级的少。只要相信自己的能力，就可以帮助那些需要帮助的人，不管你是否低人一等。

要有一颗善良的心

边沁既是英国的一名哲学家，也是一位法学家。边沁认为："付出和回报成正比，付出得越多回报就会越多。一个为了别人的幸福而努力的人，一定会比别人更幸福。心地善良的人，会得到别人的善待，生活也会因此更加美好、快乐。我们要广交益友，用善良的行动来感染每一个人。只要肯努力，你的员工们也会受到影响，因此也会加入善行。"

要想让每一个人都具备一颗善良的心，并不是一件容易的事。不过只要我们的方法得当，再坚硬的心也会被感化的。有时候好心帮助别人，别人根本不领情，而且还会说一些讽刺的话。不过，善良的心不会为了这点小事而打退堂鼓。帮助别人是不图回报的，所以，不管他是什么反应，我们照做就是了。

　　我们唯一的任务就是播撒善良的种子，只要种子找到适合的土壤，很快就会生根发芽，然后结出甜美的果实。过不了多久，仁慈的心就会像满天的星星，洒满人间。这时我们就能体会到回报的快乐了。爱的力量是最伟大的，没有任何力量可以超越它。付出肯定会有收获的，越来越多仁慈、善良的人们散播爱的种子，等到收获的季节，我们将会体会到更加甜蜜的果实。

　　罗杰斯是一位伟大的诗人，他曾经讲过这样一个故事：有一位小女孩非常可爱，所有的人都很喜欢她。"为什么你这么招人喜欢？每一个人都是那么爱你。"有人问她。

　　"因为我爱每一个人呀。"小女孩回答。

　　一个善于体会幸福的人，往往心中充满爱和希望。有了爱，希望就能实现，一个人的心灵也会更加年轻。

　　爱是高尚品质的混合体，这种高尚的品质包括真诚、坦率、仁慈、宽厚。爱能够给人们带来光明，就因为有了爱，世界才会变得如此美好。爱就像太阳，照耀着大地，让树木生出绿叶，让花儿绽放光彩。爱给一个家庭带去温暖，带去快乐。

　　爱无法用金钱来衡量，有钱人不一定拥有爱。爱和幸福紧密联系在一起，一个人如果拥有爱，幸福就一定会悄悄地来到他身边。爱可以把伤心的泪水变为甘甜的泉水，爱能让人们暂时忘却痛苦。

一个人能够付出多少爱，得到多少回报，决定着一个人拥有多少幸福和快乐。人类挣了很多钱，可是从来不会用这些钱帮助贫困的人。这样的话，钱财对于人类来说就没有意义了，它根本不能为人类创造财富。

"善良的力量是非常强大的。"这是拉尔·亨特曾经说过的一句话。人类的感情非常丰富，法国有一则这样的谚语：人类最强烈的欲望就是享乐。"对待那种无赖的人要用无赖的办法。"这是英国的一则谚语。边沁说："友好的情意凝聚在一起，构成了伟大的善举。善良的举动是由人体的力量发出的，为什么人体的力量能发出恶行呢？为什么人们不用那些邪恶的力量做一些善事？"

一颗善良的心没有必要用礼物来表达。真正的仁慈之心是忠诚的、善良的。有人会给穷人们一些钱，但是这并不能代表这个人富有同情心或者爱心。用财物体现出来的善心是不可靠的，也许这种行为背后隐藏着一种预谋，因为善良的心根本不用金钱来体现。只有那些用心去帮助别人、关心别人的人，才会得到好的回报。

善良和愚蠢、胆怯的意思相差很远。一个人谦虚、有礼貌，但是他并不一定胆小怕事。温和的人并不一定懦弱。善良的举动是一种积极向上的行为。冰冷麻木的人不可能帮助他人，也不可能和他人友好相处。善良、慈爱的人具有一颗很强的同情心。如果社会上所有的人都很有善心，互相帮助、互相关心，那么人们的生活将会更加美好。

一个真正善良的人，会尽自己最大的努力去做善事，积极地为民众服务。仁爱的力量非常强大，它能够使民族之间更加团结，人们之间更加友爱。可以说人们的真诚、善良等都来自于仁爱。这种精神被人们世代相传，人类在这种精神的不断升华中更加幸福。

懒惰、自私的人从来不会替别人考虑，只知道爱自己。积极进取、勤劳的人都具有一颗善良的心，不管什么事总是替别人着想。

法国博物学家布丰说："我最讨厌那些自私、懒惰的年轻人，当然我也不愿意给予他们任何东西。"布丰是一个善良的人，所以他很敬佩那些具有高尚品质的人，不过要想成为一位品质高尚的人，并不是一件容易的事。

如果我们和自私自利相伴一生，那么我们的生活肯定不会快乐。年轻人更不应该具备这种品行。自私自利的人不管做什么事总想着自己，关心自己，从来不会为别人考虑。他们总是把自己的利益放在第一位，自己才是最重要的。自私自利的人，欲望非常强烈，并且为了达到这种欲望会不择手段。他们在追求欲望的时候，会不知不觉地走进万丈深渊。

温和的性格使你幸福

曾有位名人说过，"如果一个人性格温和，那么再困难的事情他也能够解决。"

可以说才华和性格决定着一个人的成败，一个人的性格决定了他是否幸福。有些人能体会到生活中的幸福，这些人往往拥有宽广的胸怀，不但善良、温和、体谅他人，而且有很强的忍耐力和意志力。如果一个人会体贴他人，宽容他人，并且具有一颗善良的心，他肯定比别人生活得幸福。"如果一个人事事为别人着想，总想让别人更幸福，那么这个人一定能够得到幸福。"这是柏拉图说过的一句话。

性格对一个人的影响很大，它会改变人的生活。性格温和的人生活得很快乐，从来不会有烦恼，呈现在他面前的总是最美好的东西。如果说真的遇到麻烦了，他也会非常沉着，然后找出最好的解决办法。不管发生什么事情，他总是抱有很大的希望，从来不会绝望。就像太阳偶尔会被云彩遮住，但是过不了多久太阳就会穿越云层，继续照耀大地。

性格温和的人，总是满脸微笑，看上去非常阳光。人们都愿意亲近他，并且不会嫉妒他。他看起来总是精神抖擞，富有朝气。他心胸开阔，从来不会斤斤计较。他有时候也会遇到一些烦心事，不过他不会抱怨，而是欣然接受。他从来不会把自己的精力浪费在这些不开心的事情上。他会调整好自己的心情，继续快乐生活。

在这些人身上，最突出的特点就是有爱心、乐观，对未来充满希望。他意志坚定，善于思考。人们都非常敬佩他，信赖他。不管云层多么厚，他都能透过乌云，看到灿烂的阳光。因为他有远见，目光敏锐。不管遇到什么困难，他都不会沮丧，他能够透过困难看到希望。他从来不会畏惧苦难，他相信只要自己有坚强的意志，就一定能打败苦难。经历过很多困难和挫折，他变得更加坚强，不但学会了遵纪守法，也学会了总结经验和教训。他会经常反省自己，发现不足之后立刻改正。

杰靳米·泰勒遇到一件很不幸的事情。别人没收了他的庄园，侵占了他的房屋，他的家人全部被赶了出来。他变成了无家可归的流浪汉。他曾经这样写道："我什么都没有了。财产征收员没收了我所有的财产。但是我并不孤单。朋友们会替我排忧解难，贤惠的妻子依然守在我身边。可爱的阳光和月光依然会照在我身上。他们夺不走我对上帝的敬仰。我照样可以读书、思考，照样可以快乐地生活。"

泰勒非常乐观，即使遇到再大的打击，他也能想办法让自己快乐起来。他遇到的灾难常人根本无法承受，可是他仍然可以快乐地生活。他从来不会把灾难放在眼里，更不会夸大灾难。正因为他有一个这么好的心态，他才会心平气和地面对所有的事情。再大的灾难在他眼里只不过是一次小小的坎坷，只要迈过去就没事了。

愉快的性格大都是后天培养出来的，如果天生就具备这种性格，经过后天的培养也会得到加强。一个人如何看待生活很重要，如果只看到生活中最阴暗的一面，那么生活就会很痛苦。如果从生活中看到的是光明的一面，那么生活就会变得丰富多彩。人们都希望自己能够看到生活中的光明，但是到底能够看到哪一面，是由自己对生活的态度决定的。

生活很明显具有两面性，过得开不开心关键是自己对生活的态度。只要具有坚强的意志力，每个人都可以作出正确的选择，这样的话，幸福美好的生活就会时刻伴随着自己。豁达、乐观的性格对一个人来说很重要，因为它可以让人抵制黑暗，迎接光明的到来。

只要一个人拥有豁达、乐观的胸怀，不管他走到哪里，都能够感受到生活的快乐。这种快乐会情不自禁地从他的眼睛中流露出来。他也会因此变得更加美丽、更加智慧。那些悲观、天生忧郁的人，整天愁眉不展。他们根本不会去欣赏美丽的花朵，迷人的蓝天白云。偶尔清脆的鸟鸣也会使他们心烦。他们根本不懂得生命的意义，生命的伟大。他们只会无精打采地度过自己的一生。

一个道德高尚的人，必定具备乐观、豁达的品质。一个人只有乐观、豁达了，才会生活得快乐、幸福。人类要想战胜世间的各种诱惑，应该怎么做？有位诚恳的作家这样回答："首先我们要心情愉快，其次我们要心情愉快，最后我们还要心情愉快。"因为乐观的性格可以净化人的心灵，使一个人变得正直、诚恳、善良。如果一个人具有乐观的性格，聪明的才智、坚强的毅力、善良的心灵、高尚的道德都会悄无声息地积聚在他身上。

"再好的药也比不上拥有一个好心情。"这是马歇尔博士对他的一位病人说的话。

聪明的人会说："对于病人来说，愉快的心情最重要。"

路德是一位精神病专家，他曾经深入地研究过如何治愈抑郁症。"治愈抑郁症最好的药物就是：真诚、勇气、理智、愉快的心情。"这是路德当时开的一个药方。一个脾气暴躁的男士，肯定没有坚强的意志力。漂亮的鲜花、可爱的孩子，都会让人心情愉快。动听的音乐可以振奋人的心灵。

愉快的心情就好比永远不会干枯的源泉。有些人在高兴的时候就会放声歌唱。的确，愉快的心情能够使人精神抖擞，也能提高人们的修养。人的一生会经历很多坎坷和磨难，愉快的心情会受到这些因素的影响。但是它就像源泉一样，用之不竭。经历过磨难之后，它会更加真诚。

善良之心与谦恭有礼

当礼貌是发自内心的时候，才可以长久。优雅的行为举止不是刻意表现出来的，是真情的流露，并且真正的优雅是真诚的体现。那些粗鲁无礼的举止与优雅的行为是背道而驰的。"我们可以把礼貌比作水，它既干净又清纯。"圣·弗朗西斯·德·沙列斯曾经这样认为。每个人的行为举止各不相同，因为人们的性格、资质都不同。人们可以通过一些小技巧来掩饰行为举止的缺点。有些人偶尔会表现出来偏激的一面，这是正常的身体反应。如果人们都把自己身上的个性改掉，那么所有的人表现出来的行为举止都一样，就太枯燥无味了。

一个人只有具备一颗善良的心，才会表现出真正谦虚有礼貌的行为。心善的人最不希望看到别人受苦，他希望每一个人都能够幸福。人们都喜欢与友好、和善的人交谈，谦虚有礼貌的人一样会受到人们的欢迎。斯贝克上尉说过："大家应该想象不到，那些乌干达民族身上就具备这种品质，他们生活在非洲腹地内陆湖泊附近。"乌干达民族有这样一句名言："如果有谁不知道报恩，或者恩将仇报，上帝绝不会放过他们的。"

谦虚礼貌的人很喜欢关心别人的人格。只有先尊重别人的人格，自己才有可能得到别人的尊重。每个人对事物的看法各不相同，一定要具有宽阔的胸怀，容忍别人的观点。谦虚礼貌的人非常尊重别人，当然也尊重他们的观点或者意见，从来不会要求别人去做什么。他们总是虚心听取别人的建议，并且具有很强的自我调节能力。他们从来不会用尖锐的语言来评价别人。他们具有宽阔的胸怀，很好的忍耐力。他们很明白，尖锐的语言会给别人带来伤害。

与谦虚礼貌的人形成对比的，是那些粗鲁无礼、冲动易怒的人。他们从来不会顾及别人的感受，放肆地展现自己。有时候会因为他们粗鲁的行为而失去最要好的朋友。他们太过于高傲，不管什么场合都喜欢展示自己、满足自己。布鲁纳是一位善良的人，他是一个工程师。他曾经这样说过："没有节制的言行举止会毁了一个人的一生。"

约翰逊博士也说过类似的话："一定要管好自己的嘴，因为有些话语太伤人了。任何人都没有资格用粗鲁、恶毒的话来伤害别人。"

那些聪明、有礼貌的人不会与邻居们攀比，不管是在地位上，还是在金钱上。即使他们的工作很好，或者地位很高，他们绝不会在别人面前卖弄，更不会轻视别人。在他们眼里，不管工作多么好，待遇多么高，都是非常普通的事情，没有必要在别人面前炫耀，更没有必要在别人面前谈论自己的工作内容。他们总是用一颗谦虚的心来看待任何事情，绝不会虚情假意，或者装腔作势。他们对工作更是勤勤恳恳。通过言行举止就可以看出他们的内在品质。他们才是真正谦虚有礼貌的人，他们的精神值得我们学习。

那些自私的小人行为粗鲁，言语犀利，他们根本不懂得如何尊重别人。他们在日常生活中不善于发现，那些粗鲁的行为或者粗俗的语言令人不快，有时也会伤害别人，他们根本体会不到这一点。他们没有同情心，也不会观察别人的情感，这不是因为他们的天性是这样的。如果一个人具有很好的修养，那么这个人在日常生活中就会关心别人，体会别人的感受，并且具有自我牺牲精神。

大家都不喜欢没有自制力的人，可能有时候还会讨厌他们。他们的行为举止会给人们带来不快，甚至让人们觉得痛苦。软弱的自制力会给他们带来很多麻烦，他们就会在这些麻烦的伴随下度过这一生。由于他们的粗暴、倔强，成功总是远离他们。只有那些性格温和、有耐心，并且具有坚强自制力的人，才会走向成功。

艺术与心灵之美

英国人的语言朴实，好像缺少艺术修养，这是大家公认的事实。为了改善一下他们的言行举止，有人创办了一所学校，专门教英国人学习优雅的艺术。为了满足社会的需求，传播美的老师层出不穷。要想使自己的灵魂更加纯洁，或者个人品行更加趋于完美，一定要抑制自己的欲望。要善于发现和观察身边美的事物，这样心灵才会变得更美。

艺术可以增加人们的兴趣，进而提高人们的修养，所以平时也要学习一些艺术。

优雅的言谈举止只是用来点缀我们的生活的。所以我们没有必要为了培养自己的兴趣和爱好，把所有的时间都用在学习艺术上。实际上，艺术只不过是我们用来感觉的东西，比如说音乐、舞蹈、绘画。不过它们也不会像肉欲那样，会玷污人们的灵魂。

一个人本质的东西是不容易改变的，人们为了让自己更完美，通过很多方式去培养自己，比如说听一些美好的音乐、学习各种各样交际的方式等，可是到后来才会发现，这些东西对自己的影响并不是很大。

美好的艺术会熏陶人，激发人们的情感，培养人们的兴趣，这些都是众所周知的事实。不过那些靠听觉，或者看名贵雕塑的画像对人心灵产生的影响，远远比不上生活中实实在在的言行举止的教导。要想成为一个风度翩翩的人，光靠培养兴趣或者学习艺术是远远不够的，最主要的是要看这个人的情操、勇气，还有精神。

通过学习艺术是否能够促进人类的进步还不确定，不过它确实能够激起人们对生活的热情。艺术修养具有排斥性，当人们追求艺术达到了一种痴迷的程度，男人就会变得有些女人味。人们通过感官来鉴别艺术，相反，艺术也会刺激人们的感官欲望。

亨利·泰勒曾经说："长期学习艺术的人，他的勇气和力量就会慢慢减弱，并且很喜欢幻想。"艺术家总是按照自己的想象去创作，完成后会通过无数次的修改使之达到更加完美。不管是雕塑、绘画，还是制作音乐，他们都是用心去做的。所以艺术家们的作品和思想家们的作品差别很大。

我们都知道，艺术往往在民族最衰落的时候非常兴盛。但是当艺术衰亡的时候，它就成了当时的奢侈品。在古希腊和古罗马时期，艺术的发展与腐朽的民族紧密联系在一起。

雅典开始衰亡的时候，由伊克蒂洛斯和卡利克拉特设计的帕特农神庙还没有完成，著名的雕刻家菲迪亚斯正在创作雅典娜神像。当时菲迪亚斯被关进了监狱。斯巴达人在城里建立起了一座雄伟的石碑，为了纪念他们的胜利和雅典人的失败。

同样，在古罗马即将走向衰亡的时候，艺术几乎达到了顶峰。尼禄就是罗马的皇帝，不过他也是一位很有名的艺术家。他是一位暴君，但是唯有对艺术充满热情。据历史记载，当时的他残暴、邪恶。但是从艺术方面来说，他却是一位最善良、最温和的人。

利奥十世教皇在位的时候，正是罗马艺术最辉煌的时期。当时的社会混乱不堪，人们肆意挥霍着自己的钱财，并且沉迷于淫荡之中。就连普通老百姓和牧师也是如此度日。可以说自从亚历山大六世教皇以来，这是国家最为衰败的时期。处于这种状态的国家还有荷兰、卢森堡、比利时。这时，它们的艺术都达到了鼎盛时期，可是过不了多久，它们的艺术和宗教就会自行毁灭。这些腐败的国家后来受到西班牙的压迫，都败落了。

有人认为：通过学习艺术，人们就会变得更加温和，道德更加高尚，民族精神更加强烈。如果真是这样的话，巴黎人民就是世界上最聪明、最温和，道德最高尚的人。我们都知道罗马是艺术的殿堂，那里的人们都向往艺术，这并非是一件好事。比如说，保卫国土的武士们忘记了自己的职责，整天研究着一些小饰品和古董。通过这件小事就能想象到，当时的艺术名城会堕落到什么地步。

拉斯金先生是英国著名艺术评论家，他曾经说道："艺术并非我们想象的那么神圣，它也有脏、臭的时候。我曾经带领很多人去威尼斯寻求艺术作品，在我们摸索着前进的时候，会不时地传来一股臭味，当臭味变得越来越浓的时候，我就会告诉跟随者们：我们马上就要成功了，古老的艺术品很快就会呈现在我们面前。"

只要艺术能够给我们的生活增添光彩，我们就应该去学习，去培养。我们还应该培养自己优雅的言谈举止，与人交往的礼节。如果我们学习这些只是为了伪装自己，或者具备了优雅的外表而失去了真诚、高尚的品德，那么这些东西不学也罢。实际上，心灵美才是真正的美。美的意义在于，它能给我们的生活带来很多乐趣，能够使我们不再那么庸俗。一个人的礼貌是发自内心的，时时刻刻体现在自己的言行举止中，而不是与别人交往时刻意体现出来的礼貌。如果我们把高雅的举止当作几个动作来学习，在合适的场合就拿出来用一下，可以说这种表面的行为没有任何价值。

真正的艺术能够提高人们的素养，人们也应该去体会它的内涵。如果学习艺术只是为了感官上的享受，那么不管学得多好，也不会提高个人修养。这种感官上的享受可能会使人衰弱，精神萎靡不振，还有可能让人做出一些不道德的事情。心灵纯洁的人要比外表高雅的人更可贵。如果一个人具有正直的精神、纯洁的心灵，那么他的言谈举止就会体现出这种品质。可以说，这些要比动作化的高雅或者令人赞美的艺术更有风度。

　　艺术对于我们来说也很重要，我们不能忽视它。不过我们也应该明白，在我们的生活中，什么东西更重要，更宝贵。那就是高尚、纯洁的品德。我们应该去追求它，因为它比财富、权位、艺术、知识都珍贵。要想成为一个正直的人，必须具备高尚的品德。如果一个人品德败坏，不管有多么优雅的举止，多么精湛的艺术，都是没有任何意义的。

朴实和机智都是美丽的

一个人要想拥有得体的言行举止，还有一个很重要的因素，就是在与人交往的时候，一定要聪明、机智。男士们大都不拘小节，他们没有女士机智。从我们的生活中就可以看出，女士要比男士更善于交际。男士容易冲动，相对来说，女士的抑制力就比较强。所以她们的言行举止比男士高雅、礼貌，这也是理所当然的。女士天生就有很强的交际能力和辨别是非的能力，生活中的很多琐事她们都能够处理得恰到好处。她们的反应很灵敏，并且有很强的直觉。男士与女士交往的时候，就会从她们身上学到很多东西。

有时候机智就像本能的反应一样。当事情发生的时候，机智的人就会立刻反应过来，然后去处理它。当一个人遇到困难的时候，机智要比渊博的知识更加重要。因为凭着机智，可以顺利地摆脱困境。"机智就好比熟练掌握的技巧，天才就是聪明的才智。当发生一件事情的时候，机智就像动力一样，会很快知道如何去处理，天才这时候却不知道要做什么。机智的人知道如何去尊重别人，关心别人。相反，天才会得到大家的尊重和爱戴。"这是一位作家曾经说过的话。

我们有时候一眼就可以分辨出，一个人是聪明还是反应迟钝。从雕刻家伯纳斯先生和帕默斯顿勋爵的对话，就可以证明这一点。

伯纳斯先生说："帕默斯顿勋爵，关于路易·拿破仑我想问一下，咱们现在与他的关系发展到了什么地步？还有法国方面的消息，您是否知道？"

外交大臣帕默斯顿立刻回答了他的问题："我这几天都没有出门，连张报纸也没有看过，所以我什么都不知道。"由于伯纳斯反应迟钝，错过了大好时机，尽管他很优秀，很有才华。

只要机智与高雅的言行举止融会贯通，就能克服很多困难。威尔克斯长相很一般，可是他却能赢得很多美女的青睐，就因为他既具备高雅的言谈举止，也很机智。他经常这样评价自己："我并不亚于英国最有风度的男士。如果他们三天能追到一位漂亮的美女，我最多六天就可以搞定。"

我们从威尔克斯身上确实看到了高雅举止的魅力，不过我们并不能因此下结论：只要具备高雅的言行举止，什么事情都能办到。有时候一个人虽然表现出了优雅的举止，不过他的内心不一定是纯洁的、善良的。一个人的性格会通过言谈举止表露出来，但是我们不能仅仅通过一个人的言行来判断他的性格。威尔克斯身上体现出来的言行举止，只不过是他的一种手段，通过这种手段他可以达到自己的目的。

高雅的举止会让人们心情愉快，可以说它是无价的。不过在现今社会，什么东西都可以造假，包括优雅的举止、潇洒的仪态等。它们可能只是那些邪恶的人用来伪装的一种工具。行为举止是一种外在的东西，我们没有办法通过外在的东西来判断一个人的内心。我们承认言行举止可以反映一个人的性格、内心品质，不过那些小人的伪装非常高明，人们根本看不出来，实际上他的外表和内心是逆道而行的。我们看到的只是他高雅的外表，内心是否邪恶只有他自己知道。说了这么多我们应该已经清楚了，高雅的举止可以令人心情愉快，我们就把它看成一种手段，不要轻易通过它来判断一个人的内心。

在我们的身边有很多这样的人，他们非常善良，并且很乐于助人。可是他们从来不会用高雅的举止来装扮自己。可以打个比方，他们就像拥有粗糙外壳的果实，当剥去外壳的时候，里边就会露出晶莹甜美的果实。实际上他们才是最真诚、最友善的人。尽管他们没有高雅的举止、漂亮的外表，可是他们有一颗善良的心。与他们形成鲜明对比的是，有些人拥有高雅的言谈举止，光鲜的外表，可是他们内心恶毒。

约翰·洛克斯和马丁·路德就好比那粗糙的果实，他们不具备优雅的外表，却有一颗真挚的心。他们工作的时候总是严格要求自己，必须做到认真、负责、处事利索。苏格兰女王玛丽曾经对洛克斯说："你知道吗？在学术王国里谁最放肆？谁说话最没规矩？"

洛克斯低着头回答："女王陛下，我知道，您说的那个人就是我。"

洛克斯确实是一个心地善良说话粗鲁的人，并且非常大胆，只要心里想说什么，从来不会考虑后果。女王陛下因此哭过好几次。后来里金特·英顿听说这件事情后，感叹道："女人流点泪很正常，总不能因此把洛克斯训哭吧。"

有一次，洛克斯拜访过女王回去，无意间听到侍从们说："你知道吗？他简直就是一个天不怕地不怕的人。"洛克斯立刻停下脚步，走到他们身旁说："你们知道吗？当有人勃然大怒的时候，我并不害怕。可是当一些人都恭敬有礼，并且百依百顺的时候，我会感觉到非常恐惧。"他对国家非常负责，由于长年操劳，他的身体越来越差，不久后他就离开了人世。摄政王哀叹道："他是一位出色的臣民，他把自己的一生都奉献给了国家。他从来不会伪装自己，内心想什么就说什么。"摄政王对洛克斯的评价给人们留下了深刻的印象，洛克斯是我们学习的好榜样。

路德和洛克斯一样，也生活在一个动荡的年代。路德当时的性格非常暴躁，这跟他的工作也有很大的关系。在那个动荡不安的年代，他用一支笔，唤醒了整个欧洲的人民。他没有优雅的举止和潇洒的外表，可是他对国家的爱是那么热切。他要激起欧洲人民的斗志，为了保卫自己的国家而战斗。

路德是一位著名的作家，不过他的外表并不文雅，为了革命他付出了很多。笔就是他革命的武器。他是一位善良的人，平时生活中他待人非常热情。他非常单纯，说话很朴实。实际上他非常有情趣，从生活中，他能体会到很多乐趣，并且常常会陶醉其中。就因为他朴实的性格，他每天都很快活，很少有烦恼。他总把自己的快乐分享给大家，并且鼓励大家。他是一位普通人，但是他具备伟大的品质。

塞缪尔·约翰逊在学校读过几年书，算是接受过教育的人，不过他的行为非常粗鲁。这也可能跟当年那些朋友有很大关系。因为小时候他家里很穷，所以他结交了一群不三不四的朋友。当时他连住的地方都没有，只能和他们混在一起，夜里在街上游荡。他从小就是一个勤奋的孩子，贫穷并没有使他停滞不前，他凭借着自己顽强的毅力过上了平静的生活。不过他不会忘记贫穷时受过的种种磨难。

由于他早年的贫穷，他有些封闭自己，不喜欢和别人交流。不过他做事很有主见，并且也很自信。有一次，他和加里克都接到了邀请，去参加贵族们举行的宴会，不过约翰逊没有去。有人问他为什么不去，他微笑着回答："我不是一位高雅的人，尊敬的勋爵们和夫人们看到我吃饭的样子，肯定会很吃惊的。"因为约翰逊吃饭的时候从来不会注重礼节，总是狼吞虎咽。

约翰逊待人诚恳，朋友们都很信任他。古德·史密斯曾经这样评价约翰逊："他是一位心地善良的人。可以这样说，世间没有比他更善良的人了。"有一次，约翰逊在路过舰队街的时候，碰到一位左摇右摆的太太，他就好心扶着这位太太穿过马路。当时那位太太喝醉了酒，因此走不稳。从这个例子可以看出，约翰逊非常善良。约翰逊也遭受过别人的讽刺，不过他有宽阔的胸怀。一次他找到一位卖书的老板，看是否能给他安排一个职位。老板看他身强体壮，言谈举止粗俗，就对他说："我这儿的工作都不适合你，我看你适合做一个搬运工。"虽然老板的语气很温和，不过他的话语很残忍。约翰逊并没有因此而不高兴。

有些人很讨厌，不管大事小事，都喜欢斤斤计较。而有些人对什么事情都漠不关心，这样的人也会使人生厌。他们总是一副无所谓的样子。理查德·夏普这样说："人的交际方式非常复杂，有些事情需要含含糊糊，而有些事情必须弄个水落石出。有人说大智若愚是处世之道，而有些人反对这种说法，他们认为不管是对人还是对事，都应该以诚相待。实际上很简单，只要我们以善良、单纯的心去对待每一件事就足够了。"
在我们身边，的确有很多不太礼貌的人，实际上他们的内心是
善良的。他们有些迟钝，不知道如何通过自己的举止、言语来
表达自己的善意。

吉本是英国的历史学家，他编著了《罗马帝国衰亡史》。
第三卷出版后的一天，坎伯兰公爵碰巧看到了吉本，他走过去
笑着说："吉本先生，听说您正在编造一本著作，您编得还顺
利吧？一定要多注意身体。"这话让人听了有些不快。实际上
公爵的态度是和善、友好的，可是话一出口就变味了。粗俗的
言语让别人误解了自己的意思，同时，这些粗俗的话语也会给
对方带来伤害。

在我们身边经常会发现一些少言寡语、语言粗俗的人。实
际上他们的本意是好的，只是他们不善于表达自己，别人总是
误以为他们没有礼貌。

唯有勤俭才能获得长久幸福

当下很多人渴望的幸福就是财务自由，有自己的爱好，能过自己想要的生活。而这些都可以靠勤俭得到。

勤俭能远离债务

做事能力强的人不一定会节省和自制，但是他们借钱的概率会比其他人要高一些。要是一个人不会算术，即使他再有能力也无法改变，而且有能力的人通常不屑于培根提出的"经商智慧"这一理论。虽然培根很会讲理论证，但是他自己并没有被自己说服，他的奢华生活把他拖入地狱。年轻时就贫困的培根在之后的时间里，经济一直没得到改善，反而越来越严重，但他依旧按照社会上层阶级的标准来享受生活。有一次债主坐在他家的客厅里等他，培根见到债主后说："亲爱的先生们，我希望你们不要站起来，不然我将陷入更大的苦难之中。"他停不下追求高品位生活的脚步，身上背负的债务越来越沉重，最后他不得不用别人行贿自己的钱来满足日益膨胀的欲望。东窃事发后，他在竞争中被对手打败，而且还受到了惩罚，失去了事业和自由。

可能我们会认为从事金融事业的人在管理自己钱财的时候一定也十分得手，很不幸，这样的想法是错误的。就拿皮特来说，他把国家的钱财管理得井井有条，但是个人经济一直一塌糊涂，欠了不少债。曾在银行供职的卡灵顿勋爵被皮特邀请到家里来帮他整理账单，勋爵发现皮特的生活开支非常高，单单猪肉在一个星期就需要一整担，再加上仆人的工资和其他费用，一年就要花掉2300英镑。要知道他每年都能得到不少于6000英镑的薪水，还有一份监督港口的工作可以让他的收入每年再增加4000英镑，但是他居然有高达40000英镑的债务，这笔欠债在他死后由政府代他偿还。麦考利针对这一现象说："伯里克利和德威特的威严公正在皮特身上一览无遗，但是他们的简朴皮特并没有学到，要是这两样都齐全了的话，皮特的成就会比现在还要高。"

像皮特这样的人还有很多。比如梅尔维尔勋爵，他对待钱财无论公私都是同样的铺张浪费。还有福克斯，他经常给别人借贷，他一直认为只要别人尽可能多还一点钱给他，自己便不用为钱发愁。他还经常在阿马克外面的大厅里找犹太商人借高利贷，因此他也把这个大厅称为"耶路撒冷"。借来的高利贷都被他花在赌博上，在赌博上欠下的债可以往前追溯到青年时期。吉本有一次看到他在赌桌旁坐了20多个小时，并且输了11000英镑。在当时社会中，有地位的人都或多或少有些嗜赌，而且那时还没人会在赌博中做手脚，因为大家都有赌债。因为福克斯的赌债，塞尔维恩把他比作为事业牺牲的查尔斯。

谢里丹欠有不少债务，他的生活一直笼罩在欠债的阴影中，偶尔会在一些副业中得到不少回报，但是这些钱总是很快没了踪影，欠款还是那么多，没人知道钱都花在了什么地方。好比是六月的飞雪，还未落地就不见了。他曾经花费1600英镑去珀斯游玩了6个星期，这还是他第一任妻子留下的财产。他不得不提笔写点文字来维持生活，所以《情敌》以及其他作品我们都可以看作是贫困生活给他的灵感。第二任妻子让他得到了5000英镑，原本以为生活就能从此富裕一点，没想到他把公司卖出15000英镑的价钱，加上那5000英镑，买了一块位于萨里的土地，他马上又变成了穷人。有时他的生活逍遥惬意，但这只是少数时间，大多数情况下他都在为欠债和还钱烦恼着。

在歌剧院工作的泰勒先生时不时能在街上碰见谢里丹，要是他向谢里丹打声招呼，就得给谢里丹50英镑，而说上几句话则要支付100英镑。

要是债主来催谢里丹还钱，正好债主又带着一匹马，那么谢里丹就会夸赞说："这匹马看起来真是潇洒非凡。"债主听到恭维后得意地说："那是自然，我的马肯定与众不同。"然后谢里丹说："不知道跑起来是不是也这么潇洒，能让我看看吗？"于是债主跨上马背，催动马奔跑几步让谢里丹瞧瞧，趁着债主跑远之后，谢里丹快速地离开了，等债主回到原地，哪里还有谢里丹的身影。他的房子每天都有很多债主早早地守候在外，大家都想赶在他出去之前找到他。不过谢里丹在吃完早饭并确认大门是牢牢关闭之后，便偷偷地从小门溜了出去。不管是送奶工、小贩、面包店还是肉店，他都有欠账。他的妻子在做饭之前经常要等很久的时间，因为仆人正在周围住户家里费尽唇舌讨要食物和钱。谢里丹曾在海军里做过会计长，一次肉贩送来一条羊腿，他家的厨师把羊腿下锅后就去找谢里丹要钱，但是厨师空手而回，于是肉贩毫不犹豫地拿走了那条羊腿。还有一次，有人邀请他和他的儿子去农村游玩，虽然当时生活紧张，他还是阔绰地租了两辆马车，和儿子各坐一辆。

这样的生活让他直到去世前都不能好好地吃上一顿饭菜，和他同处上流社会的朋友们也因此和他保持距离。司法部门要求他立即还清欠债，去世的最后几天里，他一直被监视着，虽然有人提议把他关进牢房，但考虑到身体原因还是放弃了这一打算。

拉兹枢机主教欠了不少钱，他把自己的所有家产都抵押出去还是没能还清债务，他害怕看到债主凶神恶煞的样子，哪怕自己被囚禁在维塞尼斯城堡，也好过面对他们。米拉波位列高官，手中的权力不容小觑，但他的父母一直为他的生活感到担忧。米拉波奢侈浪费，并且欠债不断，他已劣习难改，无计可施的父母只好让别人把他抓进监狱里，以此来结束米拉波的欠债生活。虽然他地位高贵，却落得如此狼狈的下场，直到死前，他都没能把钱付给那位替他缝制结婚礼服的手工匠。

拉马丁十分讨厌数学，他认为加减乘除不是一位高贵人士应该具有的能力。他有过6次暴富的机会，一本《文学基础教育》就让他一年进账20万法郎，但是这么多的钱在他手里只是晃了一眼就不见了。到头来还要别人给他捐款，并且四处躲债。有人说他的债务已经累积到了300万法郎，但他仍然没有停止浪费。有一次，一位拉马丁的忠实拥护者打算去商店里买一条比目鱼，但是价格太贵。因为喜爱拉马丁，这位拥护者之前还打算买下一块拉马丁的土地，但是他决定节省一点，所以没有买成。他站在商店里犹豫着，正好进来一个人，一看便知道是个身份高贵的人，这个人也打算买比目鱼，在鱼缸前打量了没多久，也没还价，就定下一条鱼要店主送到他家里。让这位拥护者想不到的是，这个买鱼的人就是拉马丁。

韦伯斯特是美国的政治学家，他不会管理钱财，花钱时也大手大脚，时常让自己陷入没钱的窘迫地步。和培根一样，韦伯斯特因为入不敷出而走上受贿的道路。人们这么描述他："债务压得他直不起身，他无法挣脱奢靡的生活，在四处借钱未果的情况下，他不再拒绝波士顿一些企业家递来的钱，身为国会议员，他的演讲稿因为受贿而散发出一股腐败的气味……"其他人中还有门罗和杰斐逊，他们也时常为钱发愁，虽然他们性格正直淳朴，也不可避免。

但凡知名一点的人物都不希望别人看出他们生活窘迫，哪怕自己原本不富裕，甚至可以说是很拮据，在外也要展现出高人一等的姿态，他们不能忍受自己露出一丝落后于人的表现。于是到处借钱来维持自己的形象，他们也因为欠债而变得更加烦闷和痛苦。

科学家因为经常埋头研究课题，不与外界有过多的接触，并且他们的收入有限，支出也不算多，所以很少听到他们欠债的消息。但是身为德国最优秀的数学家，开普勒却一直处于欠债的境况中，原因是他的收入不多。在万不得已的情况下，他把耶稣降生图卖了还钱，他自嘲道："我几度成为乞丐在国库周围请求人们的施舍。"开普勒逝世后，人们发现他仅剩有22个卡洛琳，全部家当只有一些书和资料，加上两件衣服。而莱布尼兹生前也欠了不少钱，他是个哲学家，也是一位政治家，不时需要和外国权贵们接触，因此在外表和礼节上不能输人一等，这是他欠债的主要原因。

斯宾诺莎不希望生活被其他的人和事所束缚，因此他放弃了工作和补贴，通过在眼镜店打工赚来的钱维持生活。道尔顿在曼彻斯特和一位同乡住在一起的时候，同乡曾答应资助他，好让他全力以赴应对事业，但是道尔顿并不爱钱，他拒绝了同乡的好意。道尔顿说："富裕的生活让我无法静下心来工作，它会把我喜欢的事业变成一项业余活动。"法拉第虽不富有，但是他有着别人羡慕的自由与轻松。拉格朗日取得过很多成就，他说自己最应该感谢的人是父母，父母在图林研究天文学，家里没有多少钱，但正因为是这样的家庭，才让拉格朗日能够专心研究科学。

在科学界，约翰·韩特尔的名字无人不知。他用毕生积蓄买来很多价值高的文物，并且雇用工人修建一座陈列馆，把文物都放在里面，这座陈列馆就是现在的韩特尔博物馆。虽然他的家人在他去世后过得非常艰苦，不知该如何还清欠债，但他的藏品总价值约为15000英镑，如此多的钱足以让政府偿还他生前的债务，同时也让后世的人们牢牢记住了他为国家作的贡献。

由穷转富，是不少卓有成就的学者们都会经历的一段路，当然还有一个必不可少的因素，那就是努力。不过也有一些人付出了努力后仍然得不到回报，而这其中的主要原因恐怕就是他们不懂得如何节省。就比如琼·斯滕，他之前的工作都是和酒有关，他尤其爱喝自己酿造的啤酒，在他开始绘画后，几乎是画多少就喝多少，而且他的作品也有不少与喝酒有关。不管有没有在作画，他经常把自己灌到不省人事。因为喝酒他没少借钱，最后被债务拖累着离开了人世。在他死后，他的作品价格一路飙升，到了今天已经是天价。

凡·戴克生性奢侈，喜欢追求高品质的生活，但他所得到的钱并不多，无可避免地出现很多债务。为了还钱，他开始研究古老的法术，期望通过法术得到更多的钱。这样毫无头绪的生活直到他发现自己活不了多久的时候才结束，他突然醒悟过来，决定给妻儿留下足够生活的钱财。伦勃朗因为疯狂收集藏品变得一贫如洗，欠下不少债，因此他也在司法部门的监视下生活了13年，随后便逝世了。

海登在《自传》中对意大利的著名学者表示出高度的赞扬，书中说："那些有着伟大成就的意大利学者们大多性情温柔，懂得控制自己的欲望。例如拉法叶、阿佩莱斯、雷诺兹、迈克尔·安杰洛、鲁宾斯、宙克西斯和泰坦，他们用工作中的智慧来管理个人生活，合理地安排让他们从未欠债，因此他们的生活一直是快乐的。"海登虽然明白这个道理，但是他并没有向他们学习，反而不断地惹出债务官司。他曾因为经济原因被法院判处入狱服刑，正是这段时间他写出了《虚伪的选举》

这本书。在日记中，他还记录了一件事："经营黄油生意的韦伯曾受过我的教育，乔治·博蒙特在24年前把他推荐给了我。韦伯很机灵，他在学完绘画后开始经营黄油生意，我时不时地会去他那里借上10英镑。"《自传》书中还写道："《拉撒路的头像》是在别人把我监禁后产生灵感并创作出来的；画《埃克尔斯》的时候，我还躲开了债主的一次围击；有一天上午我苦苦哀求律师宽限几天，接着下午我就把《色诺芬美丽的面容》画了出来；而创作《卡桑德拉》的时候我一直精神不振，刚刚完成就有人来要我缴纳税款。"从这些话里可以看出，海登的生活总是处于惊险之中，债主随时都会上门讨债，而他还得不时地逃避和请求别人的原谅。

还没跨入成年人的行列，拜伦就深陷债务纷扰之中。在20多岁的时候，他给贝克尔先生写了一封信，信中说："还没到21岁，欠债就高达9000至10000英镑的数额。现在，我的经济情况还在不断变差。"他借了高利贷在纽斯蒂德举办大型派对来庆祝自己成年。他的欠单一件接着一件，甚至他的妈妈还在临死前因为他的一笔欠账而发怒。他曾说自己不会赚取任何出版费，于是他在《恰尔德·哈罗尔德》印刷出第一版的时候把书的版权完全交给达拉斯先生，不过他后来又反悔了。可是这些钱远远填不满他的欠债，他出售了纽斯蒂德，还是无济于事。他原本以为结婚后妻子的钱能让他的压力有所减轻，没想到那些钱他用不了，而且因为家里多了一个人，生活变得愈发困难。加上债主和法官的不断催讨，真是苦不堪言。

天天都有债主前来讨要欠款，婚后的第一年里，他的住宅就因为欠债而被强行收回9次，要不是他有不受监禁的权利，早已被司法部门抓进了监狱。贫困的处境促使拜伦想通过出售版权换来一些钱，不过出版社劝他不要这么做，并资助了他不少钱让他先渡过难关。但拜伦的身心已经满是伤痕，更让他痛苦的是妻子的离开，这差点没把他逼疯。第一次的出版费拜伦没有得到，不过在经历了一连串事情后，他开始懂得钱的珍贵，逐渐地和出版社谈条件："《恰尔德·哈罗尔德》里的这首新诗我出价2500几尼，看你是答应还是不答应，你的1500几尼实在太低，考虑一下吧。我的要价也不高，你看穆尔先生的《拉拉·鲁克》价格是3000几尼，坎贝尔的作品的价格也有3000几尼，当然我并没有看不起他们的意思，我只希望自己的作品能得到一个适当的价格。"

勤奋能让一个人拥有财富，节俭能够让一个人远离债务。如果一个人非常勤奋，但是他不节俭，极有可能变得一穷二白；如果一个人有很多债务，即使他非常努力去赚钱，也有可能不会富有。

所以，唯有勤奋、节俭才能够让你真的财务自由，过上自己想要的生活。

学会拒绝诱惑

社会里的诱惑数不胜数，面对它们时我们要有勇气拒绝。不管是精神诱惑还是物质诱惑，只要超出自己的承受范围，就应该坚定地推开。很多人只顾满足一时的欢乐，顺从于诱惑，其后果只会让他痛苦不堪。

相信所有人的身边都有意志薄弱的人，他总是不能坚定自己的信念，我们可以放心和他交朋友，因为他只会和自己为敌。因为这种人对任何人都是顺从的，不忍拒绝。我们可以说他是把大家看成生死之交，也可以说他害怕别人看不起自己，只能靠这种方式来显示自己的能力。反正很少有人求助于他，因为他的能力有限，没有钱也没有权，可是他面对别人的要求又不好意思拒绝，人们索性不去找他帮忙。

一个人刚从他的父亲那儿继承了一些财产，听到消息的人于是蜂拥而至，大家都想从他身上得到一些好处。要是他能拒绝这些人的请求，那还好，可是他不敢拒绝。他天生就是温顺懦弱的性格，生怕拒绝了别人就得不到他们的喜爱，所以他的钱财被窥视的人们渐渐瓜分。那些人看在钱的分上和他做朋友，并不断地让他替自己签保证书。他们通常会恳求地说："请帮我在这儿写上您的名字。"而这个温顺的人觉得这是对他的尊敬，随便问了一句"什么内容"就签上自己的名字。不久后，也就3个月的时间，他收到一份冗长的欠单。

事情还没完。一位和他只见过一面的经营麦芽的商人在投资时不幸破产，而他正是这位商人的担保人，因此这位商人的繁重债务必须由他来承担。这件事给了他不小的打击，他的钱都花光了，俨然成了一个贫穷的人。要是他稍微坚定一点，在别人从他身上捞取好处的时候能够勇敢说"不"，事情怎么会发展到如此地步！他简直就是个公共用具，只要有兴趣谁都可以拿去使用。

一个人要是想过平静安稳的生活，就必须果断拒绝自己无能为力的要求。很多人因为不善拒绝，他们的生活和生命也毁于一旦。我们委曲求全地替别人卖命，源于自己无法说出那个"不"字。我们太懦弱。有职务的人怕丢掉工作，所以不敢拒绝；美女痴迷于钱财，所以她拒绝不了有钱人的邀请；阿谀奉承的人为了达到自己的目的，对别人的要求也无法拒绝，只能笑着接受。

学会拒绝是避开麻烦的最佳办法。我们要保持内心的安宁，不让外界的纷扰打乱它，如果出现了诱惑，要果断地远离，不然你的心灵会受到污染，美德也会消失。也许开头会有点困难，后面就会慢慢习惯。那些不好的习性，比如游手好闲、贪玩享乐、吃喝嫖赌，我们都要坚决地回避。不要觉得难为情，学会拒绝也是一种良好的品德。

学会拒绝诱惑就是告诉人们要远离不良诱惑。如果你想快速完成工作，你需要拒绝玩游戏的诱惑；如果你想考出好成绩，就需要拒绝玩耍的诱惑；如果你想工作业绩突出，你就需要拒绝上网聊天的诱惑。只有抗拒诱惑，一个人才有更多的机会做出更好的成绩来。

节俭是积累财富的关键

只要你用心经营生活，生活就能回报给你舒适和安稳。富裕的人们也是通过自身努力才得到了那些财富，并不是因为他们天生就有成为资本家的条件，他们都是付出了艰辛的劳动才拥有让人羡慕的家产，改变了自己的生活。

现代人并不缺钱，之所以有很多人在哭诉自己的贫穷，是因为他们没有妥善地规划钱财和未来。不要以为挣钱有多么辛苦，和规划财产比起来，它简直轻松很多。不能说你挣得多就可以成为富翁，这其中的关键在于如何管理和规划你的钱财。如果除去日常开销后还能余下一笔钱，这笔钱就是你的积蓄。只要有了积蓄，虽然不多，同样可以让你对以后的生活充满自信，不用惧怕可能出现的苦难，以饱满的精神状态面对眼前要完成的事情。

然而如今的人们缺少自制力，欲望和诱惑一旦出现人们就会被它们迷惑，所以很难攒下钱。我们可以看到有成就的企业家都是从底层商人中涌现出来的，一个人有没有经验和技术直接关系到他未来的职业，要想得到经验和技术，就必须要有资金来支持你去学习，而资金的来源则完全靠自己的节约能力。

科布登先生和米德哈斯特的老乡在聊天，他说："我前天和一些同僚们观看了南开郡的纺织工厂，我认识这个工厂的拥有者，但不想说出他的名字，不过接下来的话题也会涉及他，我看还是用史密斯先生来代替他。纺织工厂有700台依靠电力运转的织布机，大概有4000名工人。在我们看完后准备离开的时候，同行的一个人拍了拍厂主的身体，用他独有的随意语气说：'你们一定想不到，史密斯先生在25年前只是个工人，今天他能拥有这么大的工厂，完全是依靠自己的勤劳和节约。'没想到史密斯先生也诙谐地说：'光有勤劳还不够，主要的原因是我妻子有一笔不小的积蓄，我靠这笔钱才得以运转整个工厂，不过她之前也是纺织厂的女工，周薪是9先令6便士。'"

"时间就是金钱。"这是我们最熟知的一句话，出自富兰克林之口。那么我们在节约时间的同时也是在节约金钱。要想做成一件大事，就要合理规划时间，什么时候做什么事情，高效率是你成功的关键。我们还可以花费时间来学习一些知识，也可以用来研究学术问题，总之，时间需要正确、合理地规划和安排。一个严谨的计划可以让你在做事过程中善用每一秒时间，尽快达到所要的效果。商人们更加需要仔细安排自己的每一个行程，这样才能把握商机，赚得更多。妇女们在整理房屋时，应该把每样物品都放在原本属于它的位置上，用起来也更顺手。不管大事小事，总有一点时间可以用来完成它们，也不管是什么事情，计划好了就得在规定时间内做完。

相信大家都已懂得节约的重要性，也明白了节约不是一朝一夕就能做到的，需要我们坚持不懈的努力。它能带来数不清的好处，让我们不至于贫困潦倒被人笑话。它并不难做到，相信自己的能力，别人可以做到的，你也可以做到。它可以教会我们如何正确享受生活中的乐趣，如何得到别人的赞美和尊敬，要是你总过着挥霍的生活，是感受不到这些快乐的。

不管是谁，都有节约的能力，要是谁说自己没有，我可真要批评他。开始的时候可以每周只存几个先令，比如一周存3

先令，那么20年就有240英镑，存30年，加上利息就能有420英镑，多么轻松的一件事。不要怀疑它的真实性，也不要怀疑自己能不能存上240英镑，要是觉得3先令多了，可以一周存2先令、1先令甚至是6便士，就这样慢慢地积少成多，一周6便士，20年也有40英镑，30年就有70英镑，总之，这是一件需要长时间才能看到成果的事情，我们必须得坚持。

节约实在是一门很简单的学科，它没规定求学者一定要有高智商高领悟力，只要有耐心和控制力，人人都能学会。不要以为它有多么特殊，稍微有点常识的人都可以做到，除非你的骨子里充满了奢侈和挥霍。而且它有一个好处，随时都能开始行动，并且立竿见影。当你养成了节约的习惯后，它已经成为你的本能，你会不由自主地节约，并且尝到其中的甜头。

有一部分人收入比较低，日子过得紧巴巴的，每一分钱都恰好用在日常生活中，可能我们以为像他这种情况的人不会余下多少钱，事实是，他照样可以定时存款。这就是真正勤俭的人，这种人能严格控制每一项开支，一旦省下钱就存在银行里，自然越积越多。还有很多不同的方法可以让收入不高的人巧妙地攒下每一分钱。通常在相同或者相似的情况下，如果一个人做成了某一件事，那么大家都能做成这件事。

至于那些收入高的人们，若是他们把薪水全部用来生活，或者是未婚人士把钱都花在自己一个人身上，这实在是对未来不负责任的表现。还有一种情况最令人气愤，一个生前薪水很高的人死后没有为自己的家人留下一点财产，狠心地让家人生活在窘迫和贫困之中，毫无疑问，他是个自私自利的人。可能会有好心人为这家人捐献点钱和食物，但只能解决一时的困难，以后的路还得靠自己走，不管怎样，失去家庭支柱后，贫困的命运是改变不了了。值得庆幸的是，这种事情并不经常发生。

如果他在世时能节约一点的话，这样的悲剧就不会发生。少喝一杯酒，少抽一根烟，节省下来的钱说不定在以后的生活中能给家人带来帮助，这不比挥霍出去，得到暂时的快乐要更好吗？穷人的勤俭节约可以让他们在面对灾难或者疾病的时候有战胜它们的信心，因为它们总是来得非常突然，如果准备不充分，随时会被打倒。

每个人都有潜力成为富翁，虽然只有少数人能真正变成富裕的人。富翁只不过比我们有更多的钱来应对未来可能出现的困难，可我们不能忽视勤俭带来的好处。勤俭不需要我们像完成目标一样善于抓住每一个机会，只要我们有绝对的耐心坚持做这件事。挥霍就像吸鸦片一样会上瘾，哪怕你多么努力工作，也不能走出挥霍的陷阱。

不过，仍然有很多人愿意在享乐上花费大量金钱，放任自己的欲望，让它越来越大。我听到过很多关于挥霍浪费的例子，除了这些一得到薪水就花光的人之外，还有一些人是把十几年、几十年攒下的积蓄在短时间内用得精光，要是再突然出现困难或疾病不幸去世的话，家人和后代得不到一点财产，该怎么度日？甚至有些人的家属被逼把房子卖掉来安葬死者，还要还清死者生前欠下的债，这一切都是奢侈造成的。

钱不是万能的，但是没有钱是万万不能的，钱多多少少还是能体现出物品的价值和人的某些能力，能赚到钱的人必定是自立自强的人。

以养活自己为前提，勤俭节约可以说是人类最美好的品德之一。巴维尔说过："善待每一分钱，不要小看或者高看它。别人可以从中看出你的品质。"金钱就是上帝对人类的考验，通过这一关证明你拥有诚实、善良、谨慎等美好品德，如果没通过，那么一定是因为你过于贪婪、奢侈和鼠目寸光。

　　要是一个人总是花光每次的薪水才肯停手的话，他绝不会做出什么伟大的成就。这种人总是徘徊在有钱和没钱之间，一脚踩在富有的土地上，一脚踩在贫瘠的土地上。他做什么都会畏畏缩缩，有太多的条件限制着他。他损害自己利益的同时，也损害了别人的利益。可以想象他必定会时常向周围人借钱，如此一来，残存在他身上的美好品德也会全部消失。

　　只要迈出小小的一步，改变马上就能看见，别人对你的印象也会发生变化。不用再哭诉自己的贫穷，也不用一直被时间束缚，你可以放开双手去拼搏，自信地面对世界。当你步入老年后，肯定会感谢勤俭节约给你带来的轻松生活。

　　人们在精打细算地生活的同时，也在锻炼自己的思考能力和管理能力。聪明的人会在处于安稳环境的时候考虑到以后自己可能会有的困难，考虑到别人可能会求助于自己，因此把金钱和时间规划得十分合理。而那些毫无节制的人，连自己都顾不了，更不要说帮助他人了。

要幸福就要劳动

法国著名画家格勒兹说，从事各种有益的职业，不管是什么职业，这些劳动都是值得让人称道的，而且劳动也是通往幸福的道路必须经过的一站。

历史上，很多伟大的人，用他们的经历告诉我们这个论点是正确的。

法国新教神学家、古典学者卡佐本，一次在一位朋友的再三恳求下，终于决定暂时放下自己手头上的工作玩几天，休息一下。

可是他刚刚休息一会儿，又继续工作了，并没有像他自己说的那样，要休息几天。他解释说："我就是因为工作而累到病倒，也不能什么事都不干去休息，我不能忍受眼睁睁地看着时间过去。"

查尔斯·兰博曾是东印度公司的一名秘书，他的工作就是整理那些文件，很是枯燥无味。

长时间无意义的工作让兰博非常讨厌这个工作，他终于辞职了。

离开公司的那一天，他觉得自己是天底下最高兴的人，因为他终于摆脱了那无聊的工作。

兰博在给伯纳德·伯顿的信中描述了当时的心情："我再也不想回去了，那里像个牢房一样让我不可忍受。想一想，我在那里都上班十来年了，我得到了什么？只有10000英镑左右的薪水，当初真不该来这里工作啊。"

接着，兰博又兴奋地写道："我现在终于解脱了，我终于解放了，彻底自由了！我现在都不敢相信这是真的，虽然这是我自己的决定。我接下来的生活将完全由我自己安排了……我觉得对于一个人来说，什么也不干才是最快乐的事。以后我的时间就多了，你要是想要，我甚至可以把我的时间分一些给你用！"

兰博无忧无虑、逍遥自在地过了两年。此时的他在悠闲的同时，又回想起了以前工作的时候，不过此时他对以前自己的那份工作看法已经改变了。

现在他发现自己那份原本乏味的工作，其实还是给他带来了不少快乐的，但是当初他自己并没意识到那是快乐的。以前，他工作之余希望自己休息的时间多一些，现在他一直在休息，却只能眼睁睁地看着时间溜走。

这时，他又给伯纳德·伯顿写了封信："我现在才知道无所事事是很可怕的，甚至比以前的过度劳累还要可怕。没了工作的人，会无端地烦躁和无聊，这是极为不利于健康的。我现在生活得很无聊，什么事都不能让我提起兴致了……我们这样的人死后还能不能进天堂呢？现在我没事就只能散散步，也就只能这样了。我觉得自己现在就是在犯罪，因为我浪费了大量的宝贵时间。"

勤奋和专心是很重要的，关于这一点司各特应该算是最清楚的了，因为他的一生都在写作。洛克哈特是这样形容司各特的："所有时代和所有国家的领袖人物，我们都加以考察，也很难在这些伟人中找出与司各特相媲美的人，而在世界大文豪中，可能也找不到像司各特这样勤劳的人。"

司各特总是这样告诫自己的孩子们："要想幸福和成功，就必须勤奋。"

他给在上学的儿子查尔斯写信时提到："我不厌其烦地多次提醒你：上帝要我们每个人都劳动，不劳动是不能成功的，只要劳动才能创造一切。一分耕耘，一分收获，那些腰缠万贯的富翁，还是在坚持着自己的事业；农夫只有种好自己的地，从土地上收获粮食，才能吃上香甜的面包……不可否认的是，也许会发现这样的意外——可能有人偷走了农夫收获的粮食。但是，小偷却偷不走农夫耕田的技术，下一个季节，农夫依然能收获到粮食。因此，你要学习和积累更多的知识，因为知识是一个人终生受用的财富。"

接着他又说："亲爱的孩子，一要珍惜时间，二要努力学习，这样你才能不断取得进步。春天的播种才能带来秋天的果实。你现在正年轻，正是学习的大好时候，如果浪费了这段时间，以后一定会后悔的。中国有句谚语——少壮不努力，老大徒伤悲。意思是青少年时期不努力，最终将一事无成，老了也得不到别人的尊重，那时候才想起后悔和伤心。"

和司各特一样，塞西也是一位十分勤劳的人，工作、劳动已经成了他生命中必不可少的一部分。

他19岁的时候写过这样一段话："我19岁了！我的生命已经走过了四分之一的时间，但现在我还没有什么成就，也没有对社会作出过什么贡献，一想到这里就觉得汗颜。帮农夫看麦田，看着农作物不被乌鸦糟蹋的人，每天都能得到两个便士，也算为社会作出了贡献。而我却在浪费着社会资源，什么都没做。"

实际上，塞西当时并不是像他自己说的那样什么都没有做。他是勤奋的人，一直在研究英国的文学作品，而且通过翻译认识了塔索、阿里奥斯托马和古罗马诗人奥维德等著名文学大师。

他自己认为这样的生活还不够，还得更加专心地做一件事，所以他把一生的精力都用在了追求文学上，并在文学这一领域取得了巨大的进步。

他自己曾这样说道："虽然我的钱不多，但我喜欢读书，也读了很多书；我心中有感激也有高兴，但我一直保持着谦逊的态度。"

从有些人喜欢的名言中，我们也能看出这个人的性格与喜好。

司各特最喜欢的格言——时刻奋斗着。

苏格兰历史学家罗伯逊最欣赏的格言——有知识的人生活得更好。

伏尔泰的人生格言——工作是生活必需的一部分。

自然学家拉西比德最钟爱的格言——生活中，只要你肯观察，就能善于发现。

波舒哀在大学读书的时候很刻苦，他的同学根据他的名字给他起了个外号——只会低头耕地的公牛。

瑞典诗人斯杰伯戈曾用"人生如战争"给自己起了个笔名，弗里德里克·冯·哈登堡也用过类似笔名，从这两个天才人物取了差不多一样的名字可以看出他们伟大的抱负。

理智的人懂得节俭

节约和诚实是紧密相连的。父亲应该对自己的妻儿多一些照顾，每一次花钱时都要考虑清楚是否真的需要，家庭和孩子的未来掌握在父亲的手里。如果生前一味酗酒，死后留给家庭的只有无尽的悲哀和贫穷，这实在过于残忍。偏偏这样的情况存在于每个社会阶层里，人们都认识到这个错误的做法，但克制不住自己挥霍的恶习，他们一边痛骂自己，一边继续享乐，一边幻想着自己不费吹灰之力就能挣到很多钱，然后继续去享受奢侈的生活。

任何人都会不顾一切去挣钱，即使不会也竭力向别人学习挣钱的方法，可是把钱挣回来之后却不清楚该怎么用，虽然这方面也可以参照别人的做法，但最重要的还是靠自己的信念。

往往我们在看到诱惑的华丽外表时就被它迷惑，使得我们看不到美丽背后的险恶。我们应该锻炼出强大的毅力来克服这种困难，要不就在面对它的时候巧妙地避开。

勤俭节约可以抑制社会中不良风气的盛行，因为贫穷而抱怨的人们的心情也会得到很大的改善，人的情绪改变后，整个社会环境也会随之变化。我们可以利用它和欲望作斗争，拒绝诱惑，牢牢把握住自己的钱包。一时的阔绰绝不能放纵，否则你会习惯在每一方面都大手大脚地花钱。同时，不要被标价低廉的买卖迷惑了头脑，如果它并不适合你，即使它再便宜，对你而言也是浪费，而这种浪费的次数一旦多了，损失的钱财数目连你自己都想象不到。

"不要变成购物狂，即使你有千万个理由想买东西。节约带来的好处你虽然看不见，但它就在那儿。"这是西塞罗说过的话。很多人在商场或者市集里，看到便宜的商品就有一股冲动要买下来，大家心里会想：哪里也找不到这么便宜的价格了，趁现在多买一点存着。但是这些东西你真的需要吗？大家继续在心里安慰自己：现在确实用不上，不过以后肯定会有用上它的时候，肯定。这是多么错误的思想。另外一些人疯狂购物则受到社会的影响，一段时间里社会上流行收藏古董字画，于是大家蜂拥去买古董瓷器或者名人书画，都是一些低档品，用来装饰自己的房间和商店。贺拉斯·沃波儿对此说："我可不想有人向我推销这些没用的东西，我的房间和金钱都不允许我购买。"

一个人的鼎盛时期在于青年和中年，他在这段时间里精力旺盛，努力工作可以得到不少报酬，因此他应该合理计划开支，养成节约的习惯，慢慢地存一笔钱用来养老。要是他年轻时过的是奢侈的生活，没有为以后留下一点积蓄，到了老年他必定是贫困潦倒的，谁都不希望看到老人孤苦无依的样子，每天只能从别人那儿得到一点面包和食物度日。只要看到或者想到这种情况，努力工作，加油存钱的想法肯定会被激发出来。

老年生活不会需要太多的钱，老人们总是比年轻人还要节省。因此在年轻时攒下的钱正好能应付老年的日常开支，只要不出意外的话。从开始赚钱到接近老年时期，中间有那么长的时间可以让我们勤俭节约，省下一笔又一笔的财富。那些花钱买来的东西在你临死前根本就带不走，所以，为什么还要去购买它们呢？

但年轻人的想法总是和我们不同，他们热衷于新鲜事物，舍得花钱在一些我们看似不合理的地方，他们对消费有一种比长辈们还要狂热的追求。和长辈在同龄阶段的开销比起来，如今的年轻人已经超过了长辈的开销，甚至早早地出现巨额欠债。为了偿还债务，他们不惜从旁门左道中获取钱财，不通过劳动，而是幻想投机取巧得到金钱，最后才发现这种办法害人害己，却深陷其中无法自拔，只好不断徘徊在欺骗和被欺骗的圈子里。

借鉴节约之人的规划方法，学习他们把每一分钱都花在最正确的地方。这是苏格拉底给父亲们的忠告，希望作为家庭开支来源的男人们能够学会勤俭节约。在这说一个故事：有两个人，他们分别每天都能挣得5先令薪水，而且两人的生活环境也差不多，但是一个人抱怨说这点薪水根本不够用，于是每次都把5先令花得精光；另一个人说自己控制一点的话还是能够攒下一点钱，于是他定期存钱，最后成了一个富有的人。由此看出，节约在日常生活中很容易做到，它其实就是一种生活习惯。

塞缪尔·约翰逊早年生活非常贫穷，有一次和朋友萨维奇因为钱财不够，找遍整个地方都住不起一家旅馆。富有之后他仍然不敢忘记贫穷时的窘迫，经常劝告朋友们要节约，还把"绝食的人"作为签名写在自己的书上。他认为节约是通往安逸、富有生活的最直接通道。节约和自制、聪明、自由有着密不可分的关系。

塞缪尔·约翰逊说："贫困的人们没有多余的经历去照顾别人，在面对灾难和疾病的时候很容易被压垮，他们已经精疲力竭。但是我想告诉他们，不论日子多么难挨，一定要坚持走下去，靠自己的努力改变生活状况，不到万不得已的情况，最好不要欠债。一旦沦为穷人，做事的时候就有了很多的限制，内心的美好品德会被贫穷掩盖掉，对其他人的困难也无法伸出援手。所以，我们首先要保证自己的生活，才可以帮助他人。"

一个从不节省的人在经过一段时间的节约后，惊奇地发现自己竟然有了一笔不小的积蓄，并且在这段时间内自己的情绪、品德都改变了很多。他已经把节约当作生活的一种习惯，不由自主地每天存一点钱，他已经从中得到了乐趣。

勤俭节约能带给我们很多益处。它能让我们的心灵纯洁、品德美好，使我们的心情舒畅愉快，没有烦恼；它还可以提高我们的自制力，让我们的头脑更灵活、机智。

不要在没尝试之前就下结论，认为自己做不到。纵观历史，不思进取和懒惰往往会导致国家或者个人步上毁灭的道路。当你说出"不可能"的时候，没发现这其实是个非常好笑的笑话吗？一个人如果一天省下一杯啤酒的钱，那么一年就能省下45先令，每年都攒45先令，到他老年后就有130英镑的积蓄。也可以把45先令存在银行里20年，它就能变成100英镑，这数字是不是吓你一跳？很多人每天喝的啤酒杯数都达到了6杯，他一生花在啤酒上的钱就有600英镑，要是每天喝9便士的白酒，则一生要花费2000英镑。现在是不是后悔每天喝酒了？

有个工人，听了老板的忠告储存一些物品以备未来可能出现的困难。一段时间后，老板问工人情况如何，工人说："本来我存了不少东西，但是昨天我喝了不少酒，恰好又下了很大一场雨，东西都没有了！"

不懂节俭就没有积蓄，脱离不了贫苦，可以说节俭是维护你体面的一个本能行为。

勤奋的音乐大师

音乐和绘画一样，要想取得伟大的成就，也必须付出辛勤的汗水。音乐是听觉的享受，绘画是视觉的享受。亨德尔是一位著名的作曲家。他非常热爱自己的工作，只要工作起来他就不知道疲倦。在他走向成功的路途中经历了很多挫折，他很勇敢，从来没有被困难吓倒过。为了实现理想他借了很多钱，可是他从来没有放弃过。在他最困难的时候，他创作出了伟大的作品《大协奏曲》。"不管遇到多少困难我都不会放弃理想。一个需要十二个人才能完成的任务，我独自一个人把它完成了，并且没有得到任何帮助。"这是他自传中的一段话。

艺术家海顿的自传里这样写道："我坚信自己的理想，并且努力追求，这个理想就会变成现实。"

莫扎特这样说过："我工作的时候才是最快乐的。"

贝多芬的座右铭是："在追求理想的过程中不怕遇到困难，只有不断与困难作斗争，才能取得进步。"

莫彻莱斯完成《菲德里奥》钢琴乐谱的著作，并在下边写了一句话："希望您看在上帝的分上帮我修改一下结尾吧。"然后把它交给贝多芬看，贝多芬看过之后，在下边也写了一句话："我看在你的面子上不会那样做的，还是靠自己吧。"在莫彻莱斯的艺术生涯中，这句话时刻鞭策着他。

"由于我的勤奋，我取得了今天的成就。即使一个普通的人，只要和我付出的一样多，那么他肯定也能走向成功。"这是约翰·塞巴斯蒂安·巴赫自传中的一句话。巴赫在很小的时候就展露出了音乐的天赋，只要听到美好的音乐他就会忘却一切。由于他的热爱，所以他工作的时候非常勤奋，后来终于取得了伟大的成就。

但他大哥并不希望他学习音乐，想让他在其他领域有所成就。在巴赫不知道的情况下，他的哥哥甚至毁掉了他的一些成果。在他钻研音乐的时候，他的哥哥不让他用蜡烛，那些成果都是他在月色中完成的，可是却被他哥哥毁了。不管他的哥哥再怎么阻挠，他对音乐的热情非但一点都没有减少，反而与日俱增。

拜尔住在米兰，他在1820年写了一封信，信中是这样评价巴赫的："巴赫的性格非常孤僻，不喜欢跟别人打交道。一天中，除了睡觉和吃饭，他所有的时间都在学习、研究音乐。虽然他从小就显露出了音乐的天赋，不过他不是一个天才。"经过多年的研究，巴赫创作出了伟大的作品，如《罗伯托》《胡格诺教徒》和《预言家》，它们都是现代歌剧。

在英国，也有很多热爱音乐的人不断努力着。他们的执着和耐心值得我们学习，阿恩就是一个很好的例子。他的父亲是个商人，主要卖家具。他父亲早就给他规划好了未来：长大后当一名律师。不过，阿恩从小喜欢音乐，他天天除了琢磨音乐什么都不干。在他父亲的干扰下，他后来还是成了一名律师，不过他从来没有放弃过对音乐的追求。

他偷偷地买来一套制服，经常去歌剧院里参加演出。有时间他也会去做家教。他的父亲根本不知道这些事情。通过他的努力，他演奏小提琴的技艺有了很大的进步。有一次，他在邻居家里和一群音乐师演奏小提琴，他是这个团队的主乐师。正在他们非常尽兴的时候，他父亲进来了，看到他在这里拉小提琴，非常吃惊。从此之后，他的父亲不再阻止他追求音乐。他辞去了律师一职，专心创作音乐。在英国，阿恩创作了很多著名的作品。他是一个非常有音乐天赋，并且情感细腻的音乐家。

威廉姆·杰克逊也是一位著名的作曲家，他在追求音乐的道路上遇到过很多困难，但他从来没有退缩过。他的意志力非常坚强，并且很勤奋。他创作了宗教歌剧《解救以色列》。杰克逊出生在约克镇，在约克镇附近的一些城市都演出了这首歌剧，取得了很大的成功。

马萨姆是约克镇西北部的一个地方，杰克逊的父亲在这里开了一个磨坊。他的祖父年轻的时候在马萨姆教堂当主唱，并且还是个鼓手。他的父亲原来是教区唱诗班的一位歌手，并且还在马萨姆志愿乐队中演奏横笛。他对音乐的热爱是一代一代遗传下来的。在杰克逊很小的时候，最先接触的音乐就是星期天早上教堂的钟声。钟声响过之后，就会传来开门声。开门声是教堂里的音乐师们用管风琴演奏出来的，这时大家就开始起床了，收拾好后就会来到教堂。在这里他能够看到很多乐器，如：笛子、管风琴和钢琴，在这些乐器中，杰克逊最迷恋管风琴。他总是坐在后边认真地倾听，就像一个陶醉的音乐家一样。

杰克逊8岁的时候就开始练习父亲的横笛了，横笛有个缺陷，就是无法吹出D调。为了让他能很好地练习，他父亲给他买了一个只有一种调子的笛子。过了一段时间，有一位绅士见杰克逊如此喜爱音乐，就送给他一根有四个银键的笛子。在学校，杰克逊不好好学习，经常打板球、拳击之类的。因为成绩太差只好留级。后来他的父母把他送到了帕特雷侨的一所学校。他在那里加入了乡村合唱队，没过多长时间就学会了英国老式乐谱的全部音阶。通过努力学习，看乐谱对于他来说易如反掌。合唱队的人看到他进步这么快，都非常吃惊。不久后他回到了自己的家乡。

杰克逊又学会了弹钢琴，不过技术不高。乐器都非常贵，家里买不起，所以他也没办法练习。就在这时，附近教堂的一位牧师正好买了一个管风琴，他准备在北部地区巡回演出。有一天，牧师找到杰克逊，说他不擅长为乐器调音，想让杰克逊帮个忙。牧师早就听说，杰克逊调音的技术很高。杰克逊来到教堂，把很多乐器都做了调整和改进。过了一会儿，牧师把刚买的管风琴放到了杰克逊的面前。杰克逊调好后让牧师试弹，牧师非常满意。

回家后，杰克逊突发一个想法：自己做一把管风琴。他的父亲也很赞同，于是他们两个开始工作了。他们遇到了很多困难，通过翻阅资料都一一解决。经过无数次的实验，他们终于成功了。这把管风琴能够演奏出美妙的曲调，邻居们知道后都赞叹不已。

就这样一传十，十传百，杰克逊成了有名的乐器专家。有很多人拿着他们的乐器找到杰克逊，有的需要修理，有的想给乐器加几个音调。杰克逊帮他们制作完成后，他们都很满意。杰克逊为了让自己的管风琴有点创意，就在管风琴上加了一个旧的大琴键。他每天晚上都会用自己的管风琴练习《卡克特的低音乐器全书》。白天的大部分时间，杰克逊都在磨坊里帮着父亲干活。有时候他很疯狂：推着一辆手推车，后边跟着一头毛驴，在附近四处奔波，看上去特别像一个乞丐。

夏天到了，小麦、萝卜，还有其他庄稼都成熟了，杰克逊就忙着收割。不过只要他闲下来的时候，就会研究音乐。不久后，他创作了很多曲子。那时他才14岁，他拿着十二篇圣歌去找卡米奇先生，让他给自己一些建议。卡米奇先生认真地看过他的作品后，赞不绝口，鼓励他坚持下去，还给他指出了一些不足。这对杰克逊的影响很大。

有一天，杰克逊突然想到一个好主意，即在马萨姆的山脚下组织一个乡村音乐队。不久后，音乐队就成立了。年轻的杰克逊是乐队的负责人。他除了在乐队演奏乐器外，还为乐队创作了很多歌曲。后来牧师找到他，希望他担任教堂里的管风琴演奏。这时杰克逊已改行卖牛油。只要他有时间，他就会继续研究音乐。

杰克逊1839年出版了《让我们为这肥沃的乡村歌唱》，这是他写的第一篇圣歌。

第二年，赫德菲尔德合唱乐队演奏了他写的《莉的姐妹们》，获得一等奖。他编著的第一百零三首圣歌是一个二重奏，叫作《慈善的上帝》，也非常有名。

后来他又创作了《解救巴比伦下的以色列》宗教剧。他会随身带一支笔和一个小笔记本，只要他有什么创新的想法，他就会赶快记录下来，等下班回家了再写进乐谱。

从1844年到1845年，杰克逊创作的宗教剧不断上演。为了庆祝杰克逊29岁生日，他的二重奏免费为大家演出，获得了极高的评价。

从此之后，这部作品经常在北部地区上演。后来杰克逊到了布拉德福，他在那里当了一名教授。他把从小在家乡学到的传统音乐传授给所有的学生。他带领布拉德福乐队演出了好多年，名声越来越大。有一天，他们被白金汉宫招进宫为女王陛下演奏。在这次难得的演奏会上，他们演奏了很多杰克逊的二重奏作品，观众们非常喜欢。

杰克逊是一个勤奋、坚强的音乐家。他克服了很多困难，越过了很多障碍，才取得了后来的辉煌。我们应该以他为榜样，努力向目标迈进。

用勤奋赢得尊重的贵族

上边提到的艺术家们，大都出生在贫困家庭。下面提到的主人公，都是出生在贵族家庭。与其他贵族相比，英国贵族有些特别。他们的父辈去世之后，就会把遗产传给他们，他们会把这些遗产完好无损地保存下来。他们也会通过自己的努力，赚取更多的钱，然后再传给下一代。这些遗产为什么能够一代一代传承下来？最主要的原因就是英国人非常忠诚、聪明、勇敢。他们具备勤劳和坚强的精神，所以他们才能完成这种使命。大家应该都听说过安泰的故事吧，他们就是深受古老贵族传统的影响，从父辈们身上继承了伟大的精神，从而变得更加辉煌。

在很久以前，所有的人都是平等的。可能人们无法知晓自己的前几代是谁，不过我们的第一代祖先们之间都是平等的关系。可是这种平等没能够永远保留下来。"从古到今，我们根本找不到固定不变的阶层。"贫穷的人们通过自己的努力，变成了富人。有些显赫的家族由于子孙的恶习而败落。还有一些由于家族之间的争斗，败者从此消失在了茫茫人海中。《家族盛衰变迁史》是伯克的著作，里边记载了很多家族的盛衰。从这部作品还可以了解到，那些贵族们经历的苦难远比穷人们吃的苦多。最早的时候，曾经选出二十五位男爵管理大宪章法规。可是经过很多年后，他们的后代没有一个在上议院工作的。

因为发生了内战和叛乱，有很多旧贵族都败落了。他们的子孙分散后，过着普通百姓的生活。富勒编著了《财富》一书，里边有这样一句话："如果让那些旧贵族们站在百姓堆里，根本认不出他们。"在伯克的书中，这样描述了富贵家族的直系后代：肯特伯爵是爱德华一世的第六个儿子，伯爵有两个孙子，分别是收税员和屠夫。爱德华三世的儿子是个公爵，名字叫格洛斯特，而他的孙子却是汉诺威广场圣乔治教堂的一个司仪。克拉伦斯公爵有个女儿，叫玛格利特·布兰塔日奈，她的曾孙在希洛普郡纽波特给别人修补鞋子。

除此之外还有：西蒙·蒙特福特是英国的第一个男爵，他的后人在突雷街做马具生意。诺森波兰郡公爵，封号为尊贵的伯西。可是在受封几年后就发生了变故，因此他的后人来到柏林，开始制造皮箱。克罗福特伯爵欠了很多外债，其中一个债主在爱丁堡当采石工。有时候会有很多人追着克罗福特伯爵要钱。由于贫穷，奥利弗·克伦威尔的很多后代都死了，唯有他的一个曾孙活了下来，在斯诺·希尔开了一个杂货店。还有很多高贵的男爵们，后来都莫名其妙地消失了。有些贵族们被对手击垮，本想东山再起，可是他们已经力不从心了，只能过着贫困、卑贱的生活。从古到今，类似的事情在不断上演。

如今的贵族们都是各行各业的精英，这些精力旺盛、雄心壮志的贵族们为伦敦作出了很大的贡献。康华里伯爵的祖先是托马斯·康沃利斯，他是位商人。克雷的祖先是个裁缝，叫威廉姆·克雷凡。艾塞克斯的祖先是威廉姆·卡佩尔，他是个卖布的。

在现代也有很多这样的例子，如沃里克罗德伯爵的祖先是个伐木工人，叫威廉姆·格雷维尔，人们原以为伯爵是皇室的后人。诺森伯兰公爵的祖先是位药剂师，名叫休·史密森，他当时在伦敦很有威望。考文垂、多玛和坦克威尔，他们的祖先都是以卖绸布为生的。达特默恩的祖先是个制作皮革的；拉德诺的祖先做丝绸生意；德西的祖先是一个裁缝；帕姆弗兰特的祖先在加来做生意。达克里贵族和沃弗斯多贵族的祖先都是银行家，只不过他们处于不同的时期。爱德华·奥斯本曾经是一位布料商人的徒弟，这位商人当时在伦敦赫赫有名。有一次，爱德华从河里救出一位姑娘，她是休伊特的独生女。后来爱德华和这位姑娘结婚了。

福利和诺曼比的祖先们在当地很有声望。因为他们勤奋好学，并且非常坚强，才取得了显著的成就。我们应该学习他们伟大的精神。

理查德·福利是查尔斯一世时期的一位农民，他是福利家族的创始人。他居住在斯坦布里奇。当时斯坦布里奇的铸铁业十分兴盛，理查德是一个制作钉子的工人。他善于观察和思考。他认为当时制作钉子的工序太复杂，如果能够改进技术的话，既可以节省时间也可以节省劳力。后来从瑞典引进了一批钉子，钉子的质量合格，并且价格便宜，很快就占据了整个市场，斯坦布里奇制作的钉子基本上都卖不出去。经过调查才明白，瑞典采用了先进机器来制作钉子，而本地当时还是人工制作钉子。

理查德·福利决定，一定要改进本土的技术。后来理查德便失踪了。他到底去哪了，没有人知道。就连他的家人也没有他的消息。理查德准备研制新技术，他没有向任何人透露他的实验，因为他怕万一失败了，没办法向大家交代。他偷偷离开的时候身上没带多少钱。他克服很多困难来到赫尔。他知道有一艘轮船开往瑞典，理查德就找到船长，请求他给自己安排一份工作，船长答应了他的请求。这时他身上除了一把小提琴外，什么财物也没有了。他在船上不停地干活，到达瑞典后，他靠乞讨过日子。

理查德是一位不错的音乐师。他非常乐观，不管遇到什么挫折他都不会沮丧。他终于到了丹内马拉煤矿，这座煤矿坐落在乌普萨拉附近。在煤矿里干了不久，他就和很多人混熟了。他们都很喜欢他。他终于有机会进入铁矿厂工作，并且可以看到机器工作的整个过程。他经过一段时间的观察和学习，觉得已经把所有的技术都掌握牢固了，于是他就从铁矿厂消失了。这件事情矿友们都觉得很奇怪。

　　理查德回到英国后，信心满满。他找到斯坦布里奇的一位领导和奈特先生，说出了他的想法：研制铁棒分裂技术的机器，筹集资金建设工厂。当理查德把机器组装好后才发现，机器根本不具备分割铁棒的功能。大家都很失望。这时理查德又失踪了。人们以为理查德承受不了失败的痛苦，这次失踪后就再也不会回来了。

　　理查德又一次来到瑞典，这次来的目的就是学到铁棒分裂的秘密技术。他带着小提琴直接去了铁矿厂，他能回来工友们都很高兴。在领导眼里，理查德只不过是一位音乐师，其他什么都不懂。领导们没有怀疑他，当时铁棒分裂厂人员不足，就把他安排到了那里。在没有任何防备的情况下，理查德很快就掌握了这个秘密技术。有了第一次的教训，他谨慎多了。他把整个工作过程仔细研究了一遍，终于发现了第一次失败的原因。理查德从来没有学过绘画，不过他还是把机器模拟在了图纸上，并且把那些重要的数据都一一作了记录。在确定全部技术都熟练掌握的情况下，他又偷偷离开矿工朋友乘船回到英国。

　　理查德坚持着自己的决定，不管付出多少努力一定要达到目的，他这样的人能不成功吗？机器经过理查德的改进，终于能够顺利地完成铁棒分割技术。他的朋友们看到成果后，都非常佩服他。他们的生意越来越红火，周边很多城市的商人都来购买他们的钉子。理查德的勤奋和精湛的技术换来了巨大的财富。

理查德是一位心地善良的人，只要朋友们有困难，他都会伸出援助之手。他从小就居住在斯坦布里奇，为了给当地的乡亲们造福，他在那里建造了一所学校，并且学校归当地政府所有。他还建设了一所医院，这所医院一直延续到今天。斯文福特有很多贫困的农民，他们没钱供孩子们上学，在理查德的资助下，孩子们都走进了校园。

理查德小时候经常住在教堂，也很喜欢和教徒们在一起。所以他的第一笔钱帮助的是新教徒。理查德曾经编著过一本《人生和时间》的书，书里有很多地方都提到了教堂和那里的教徒们。理查德·福利有个儿子，叫作托马斯·福利，他原来是伍斯特郡的高级郡长。在托马斯任职期间，他的父亲这样评价他："托马斯是一个诚实的孩子，不管他做什么事情，都非常公正。这一点当地的人们都很清楚。"在查理二世的时候，他们这个家族被封为贵族。

把节俭当作生活的一部分

精打细算过日子可以让你不再为钱财烦恼。无须太多华而不实的东西，只要你有坚定的信念和毅力，调动你的灵活头脑和管理才能，节约其实就是一件很容易做到的事情。把你的房屋收拾整齐，家庭生活打理得妥妥帖帖就可以了。至于它的引申意思，《圣经》里清楚地写着："把平常废弃不用的东西改装来做其他的必需品，争取做到合理利用。"由此可知，节约的范围很广，不单是在金钱上，还可以在物品利用这方面，甚至我们处世中的谨慎小心也可以说成是节约，因为小心行事可以避开无用之功，免得浪费时间和精力。同时它也可以抵抗欲望和诱惑，把更多的精力用来为以后的生活做打算。需要提醒的是，不要以为节约和吝啬是同一意思，吝啬的人爱财如命，舍不得花一分一毫，节约是花该花的钱，其他的则攒下来成为财富。吝啬之人把钱财视为自己的肉，心疼得不得了，而节约的人用钱财完成自己想做的事情，在他们手里钱财只是一种达到目的的辅助工具。迪恩·斯威夫特曾说："不要成为钱财的奴隶。"节约可以给我们带来良好的生活习惯，培养出谨慎、自制的性格，这不仅有益于个人，对家庭和社会也有不少好处。

弗朗西斯·郝纳的父亲在他即将进入社会拼搏时，对他说："我希望你能养成勤俭节约的好习惯，虽然我也希望自己的儿子能有一个快乐的生活，但不想看到你沉溺于纸醉金迷的世界。我一直教育你要节约，这是一个人最重要的品质。嘲笑节约的人你最好远离，他们的话会让你犯错，如果你想有一番伟大的成就，记住我对你说的话。"彭斯写了不少提倡节约的诗歌，但他言行不一，他的本性是放荡奢侈的，一生几乎没有积蓄。临死前他向朋友忏悔："我的妻子和6个孩子，我很难想象他们要如何生存下来。克拉克，我没有给他们留下一分钱，这是我最后悔的一件事，现在只有求主保佑了！"

有什么能耐，就过什么生活，不要试图攀比和炫耀，应该诚实地生活。如果一味地羡慕别人的生活，妄想自己也能和他一样，为了面子你得不停地借钱来武装自己。每次借债都会编造一个谎言，没有能力还债的时候也会编造谎言，久而久之你就永远地生活在虚假中，为了满足自己的欲望，恐怕连犯罪的事情都会做出来。当那些只顾自己玩乐，不考虑他人状况，不计划将来的人在肆意尽兴后，意识到金钱的重要性时，才发现没后悔药可吃。此时任凭你有千万家财，也已被你挥霍一空，可惜白花花的钱财和时间都一去不复返，你的人生只剩下一个空壳，毫无意义。另外，毫无节制地用钱也会对你以后的计划有妨碍，考虑到积蓄没剩多少，计划实施起来显得缩手缩脚，没有大刀阔斧的气势，甚至还会错失良机。

培根说过：经年累月的积累比薪水更为重要。那些人们无谓地花掉的一些零碎钱，攒在一起数目就会变得非常多，甚至可以作为事业的铺路石。那些不停地买东西的人们从不反省自己，始终都在埋怨世道不公，殊不知贫穷最大的原因就在自己身上。知道省钱的人，他们会有多余的能力去扶助他人，这样他的朋友也会增多，而毫无计划的人做什么事都很难成功。要是你不把自己当一回事，别人也不会看得起你。但是千万别节约成一个小气鬼，这样的人大家更不乐意与之相处。俗语说："不能指望一便士变成二便士。"节约的同时还要依靠自己的努力，金钱才会变得更多。一个正直的人应该是诚实、自制、开朗的。詹金森在《韦克菲尔德的代表》一书中说："我的积蓄一如既往少得可怜，还时不时因为欺骗邻居们被警察逮捕，但是弗拉姆博拉怎么就有钱了呢？"由此可见，好心人还是有好报的。

完善品格，成就自我

品格的魅力决定了你在别人眼中的地位，也决定了你能够有多少成就。所以说一个人想要成为更好的自己，莫过于先完善自我的品格。

品格优秀的人从不撒谎

面对任何情况都勇于说真话的人，才是品格优秀的人。"他不会为了获得赞扬而奉承谁，在他眼里，大家的掌声并不重要。他不在乎表扬，他只在乎他所做的一切事情。要让他去迎合别人而做违心的事情，这绝对是做不到的。对于那些他认为必须做的事情，不管他人如何反对，只要他认为这是有益的，他就会义无反顾地去做。他不会被世俗的观念所约束，他靠自己的判断来行事。"哈金森上校的夫人如此说道。

1867年伍斯特上校举办了一次公共集会，在会上，24处地方法院的主审官帕金顿先生说道："我诚实的想法、不变的目标和稳健的行动是我取得伟大成就的力量。我有三点原则可以提供给那些想在公共生活中有所成就的人。这些原则简单易行。第一条是，你的地位和义务要交由他人评断，在别人看来你具有为邻居或国家出力的能力，这时你不能推辞，要为此努力一生。第二条是，你必须恪尽职守完成你承诺的公共义务。最后一条是，你所负责的公共事务不能受到外界潮流的左右，一定要在自己考虑周全后再行动。这些话朴实无华，但是很有教益。你只要毫无懈怠地完成每项工作就能得到真正的名望。"

邻居都很欢迎晚年时的理查德·洛佛尔·埃奇沃思。他却因此告诫女儿："玛利亚，人们的欢迎是可怕的事情，这说明我没有了价值，只有没价值的人才会受到最热烈的欢迎。"他在那时可能想到了《福音书》里的诅咒，那条对受欢迎人的诅咒："我要让那些被赞扬环绕的人遭受苦难。圣父的正义会因此而迷失。"

理智是独立的重要因素。不要被他人过于依靠，这将会丧失自我，沦为他人的影子。一个人必须具有独立行动和思考的能力。只有卑怯的人、愚蠢的人和懒惰的人才没有自己的想法。

在生活中，让亲人失望的许多人都缺少这种坚强的理智。他们会去行动，可是勇气却在行动的过程里慢慢消失殆尽。他们缺乏信心和坚持下去的勇气。他们的胆怯让自己错过了难得的机会，一旦失去机会，他们也就难以再寻找到了。

约翰·比姆在共和时期说道："我宁死也要说出真相。"只有在公正诚实的环境下才能用正当的手段来行动。如果逃避说出真相的义务，屈从于反对的威严，这简直就成了国家罪人。抵抗在不得已的情况下是对付罪恶的有效手段。在罪恶面前，胆怯的哭泣是无意义的，要消灭这些罪恶，靠的是不屈的斗争。

诚实正直的人是讨厌阴谋诡计的。欺骗和谎言是他们所厌恶的。热爱正义的人会抵制压迫和剥削。心地纯洁的人是会与邪恶和堕落抗争的。他们会改正这些坏的行为，与不良的道德斗争到底。时代的道德力量就体现在这些正直的人身上。他们是社会的中坚力量，他们用自己的思想和勇气推动社会的改革和进步。这个世界因为他们与邪恶的斗争而没有被贪婪和罪恶掌控。

那些伟大的改革家和殉道者，他们对错误和恶行是深恶痛绝的。那些拥有高尚品格的人让人生变得有意义，比如克拉克森、格兰维尔·夏普、马修斯神父和理查德·科布登等人。他们用自己的生命为理想献祭。

品格是一种无形的力量

"知识就是力量"与"品格就是力量"相比，远没有后者更具权威。失去同情心、仁慈与品格的聪明才智所具有的也只是破坏性的力量。我们不会羡慕这种不道德的力量，就如同我们不会去对歹徒灵巧的手法和高超的骑术致以敬意一样。英勇品格主要是由诚实、善良和正直构成的。"美德天生就是高贵的，它不需要任何打扮。"有位老作家这样说过。这些美好的特质再加上坚强的意志就能让人获得不可战胜的力量，靠着它可以帮助人们抵御任何恶魔的侵扰，可以拯救在苦海中挣扎的人们。侵略者嘲笑被他们俘虏的克劳纳的史蒂芬说："你现在还有堡垒吗？"他指着胸口说道："这里还有一个无法被摧毁的堡垒。"勇敢的人不会被灾难所打败，他们高贵的品格可以让他们具有坚强的勇气面对一切挑战。

厄金斯是个为了真理而不停前进的人。他有着自己独立的人格。每一个年轻人都应该学习他身上的行为准则。厄金斯说："我懂事时就被教导，我只要去做不违反良知的事就好了，以后上帝会来评判这一切的。我一生都信奉着这一点，我把它贯彻到了我的行为里。我并不觉得我一直以来的坚持是对世俗人生的牺牲，我反而觉得它给我带来了成功与财富。所以我也会教给我的孩子们这让我受益匪浅的法则。"

高尚的品格应该成为每个人所追求的一个目标。人生会因高贵的品格而更具活力，前行得更加顺利。幼年所做的培育会让他成年时具有良好的思想，他因此会更加努力地发挥出自己的潜能。我们现在可能无法明白高品质对人生的意义有多么重大，但是这点终究将得到证明。迪斯累利先生说："年轻人的思想品格要是不高尚就一定是出了问题，因为品格如果不是在进步，那就一定是在退步。"乔治·赫伯特在其作品里这样写道："要有远大的目标，哪怕现在你从事着卑微的工作，你也不要舍弃宽广的心胸。瞄得更远的人，他的箭也将射得更远。精神是不能变得低下的。"

那些没有抱负的人与那些具有目标的人相比，后者总会是赢家。苏格兰的谚语这样说过："你要去做一件衣服，最后就算衣服做不成，你至少也能做出一件套袖。"看得更远的人也会走得更远，即便最后没有达到期待的目标，他的努力也将获得回报。

品格不受知识和财富的左右

一个人的学识是无法左右其品格高低的。《圣经》很少涉及理性，它关心的是人的灵魂。乔治·赫伯特对人说过："高深的学问远没有一个微小的品格重要。"可这并不是说学识是无足轻重的，要是同时具有了道德，人格就会散发出最耀眼的光辉。

我们在实际生活里可以发现这样一群人，这些人有着高于平凡人的才智，可他们却是用这些学识去谄媚权贵，对待地位低下的人不理不睬，他们的道德修养都不如普通人所具有的多。这些人会借助他们的才华在文学、艺术和科学上有所斩获，但我们却难以在他们身上找到那些普通人都具有的优良品质，如真诚、负责。

伯瑟斯在给朋友的信中这样说道："我不反对你对有学问的人要给予尊敬的意见，可是我认为，那些高贵的品格不会逊色于深厚的学识。

比如说，宽广的胸怀、高明的判断、真诚的态度，这些品格在学问面前也不会被遮掩住光辉。但是一些聪明人却没有与其才智相符的高贵品格。"

瓦特·斯科特爵士看到有些人拿着自己的学问和成就作为最该受尊敬的东西四处炫耀后说："主啊！请给予人类帮助吧，要是那样的行为是对的，那我们将会是最可怜的人了。那些没有受过良好教育生活在困境中的人，他们不会比书中或我们生活里那些博学多才的人逊色。在面对灾难时，他们会表现出英勇的气魄帮助身边的人。他们即便没有深刻的语言，可是在他们的行动里，我们看到了比《圣经》上写的还要深刻的人格魅力。"

金钱一样也不能作为判断品格高低的标准。在某些方面，金钱反而起着不好的作用，它让一部分人的品行变得更加恶劣。金钱更多的是加速人的沉沦。信念软弱的人无法把持自己的欲望，财富在他们手中变成难以控制的力量，他们会被这股力量所吞噬。这些人的财富终将会把别人和他自己都带入灾祸之中。

我们发现有些拥有高贵品格的人并不具有显赫的地位。人们会因为他们身上具有的勤奋、节约而尊重他们。伯瑟斯曾经被他的父亲这样劝诫道："要成为一个真正的男人，不要一心只想着名誉与金钱，要想获得他人的尊敬与礼遇，你需要的是一颗正义的心灵。"

我很幸运地认识了一位具有高贵品格的人。他只是一个普通的工人，在北方小城里干着月薪不到四十先令的工作，这些钱只能让他过着窘迫的生活。他没读过多少书，可他的头脑却装满了深邃的思想。他家有着一些书：《圣经》《弗拉维尔》和《波士顿》，后两本书可能看起来很新鲜。他就如《漫步者》里的主人公那样善良。他就是这样平凡敬业、没有懊悔地走完了他的一生。人们心中留下了他的善举和美德，这些记忆没有随着他的逝去而消散，这是那些位高权重者都无法企及的境界。

马丁·路德，他生前要靠辛勤的劳动才能支撑最基本的生活，直到死时也都是一贫如洗。他的国家以他的勤劳为荣耀。所有的德国贵族们都无法获得他所曾经获得的尊敬，人们不会忘记他的高尚品格，他会被世人永久怀念。

人生中还有比品格更加宝贵的财富吗？人的尊严就在他的品格里。品行规范的人不一定会获得大笔的财富，但是他们有金钱买不到的东西——别人对他们的信任和尊敬。

个人品格里最重要的是诚实

一个人的品格之中，诚实起着很重要的作用。信奉这一观点的人会在生活中予以实践。在这一品格的劝导下，他会成为一个正直的人，一个活力满满的人，一个具有坚强力量的人。本杰明·鲁迪亚德说过："所有人不一定都会变得富有、伟大或是具有聪明才智，可是他一定要做一个诚实守信的人。"

诚实在生活里也是必需的。诚实也是要建立在真理与正义的基础之上的。船没了领航员就只会漫无目的地游走，人没了目标也会变得没有规矩，肆意妄为。休谟说："社会不能失去道德准则的约束。在某些情况下，它是帮助人们赶走敌人、恢复秩序和获得和平的利器。"

哲学家爱比克泰德在某一天接待了一位辩论家。这位辩论家非常出名，他正为了一个案件做着去罗马的准备。他想向爱比克泰德请教斯多噶派的哲学。可是哲学家冷漠地会见了来人，他对他的真诚表示怀疑。他向来人说道："你不是来诚心求教的，你来只是为了对我的风格给予评判。"来人答道："就是这样，如果我把思想全都耗在你所关注的事情上，那我会失去财富变得一无所有，成为一个一贫如洗的乞丐。"哲学家回答道："你口中所说的财富我并不在乎。在我眼里，你比我更加穷困。我不受他人的恩惠，而你却要向人摇尾乞怜。恺撒的想法影响不了我，我不需要像你一样谄媚上司，我比你显得富足。你所追求的财富不过是你欲望的牢笼。我的心没有被束缚，它欢快地翱翔在自由的天空。在我看来你所说的财富是无足轻重的，我的财富更加宝贵。我的欲望不像你那样贪婪无度，我掌握着合理的尺度。"

天才在生活中并不是太过稀少，有时候他们会接连涌现出来。人们只会因为你的才智就对你信任有加吗？忠诚和诚实这些品格才是赢得人们信任的基础。一个具有忠诚品格的人会在他的行为里体现出正直和诚实。他的言行一致才会使人们给予其信任。要想获得他人的尊重，你必须先获得他人的信任。

我们在生活中，并不会把人的才智作为最重要的指标，我们对人的评判更多的是来源于他们的品格，比如他们的耐心、节制和良好的纪律性等。一个人最好的精神财富，除了正直还能是什么？亨利·泰勒勋爵说过："善良的行为和智慧在许多方面很相似，要是两者能紧密结合在一起，这将会是我最想看到的结果。"

一个人的聪明才智并不能保证他也具有同样出众的影响力，这是因为他没有同智慧一样出色的高尚品格。品格这种无形的力量总是会在暗中产生影响。在对一位很有影响力的贵族做评价时，伯克这样说道："他的武器是什么？就是他的品格。"他为什么这样评价这位贵族呢？人们认为，别人会因他的高尚纯洁而形成一种看不见的压力。

努力才能形成优秀的品格

优秀的品格是不能够速成的。真实的品格并不是虚无缥缈的东西，它是存在于我们身边的。他们在一段时间内可能不被人理解，更有可能遭到他人的误解。这些猜疑会给他们带来痛苦与折磨，可是只要他们在磨砺下前行就会获得人们的尊重与信赖。

著名戏剧家谢里登被人们这样评价道：他只要获得了别人的信任就可以掌控世界。可惜他没有这个品格，这让他的天赋也变得黯淡无光。他不解自己为何都不如一个普通哑剧演员的影响力大。他有次训斥了因工资而抱怨的手下德尔比尼，可德尔比尼回应道："谢里登先生，我并没有忘记自己的身份，我是一个下人，我没有你那高贵的身份和教养，可是在生活中我的行为比你要好。"

谢里登的兄弟伯克就是一个完全与他不同的人。伯克是一个拥有高尚品格的人。虽然他35岁就当上了议会议员，可是年轻的他并没有让大家失望，他的行为让自己成了彪炳史册的人。他的成功可能与他的天赋有着些许关系，不过起着决定性作用的还是他那高尚的品格。

很多因素影响着品格的形成。人与环境，还有不同的行为准则都在对品格起着作用。善恶不分、没有理想的人只会虚度光阴。头脑会对任何事情作出判断，即便是细微的小事它也会作出回应。再细小的东西也会留下痕迹。西摩本尼克女士的母亲说过这样的话："不要满不在乎地对细小的事情表现出轻视，因为它也会对你的轻视抱以同样的回应。"

教养、习惯还有理解力都会影响到人的思想行为和感情，以后的生活也满是它们作用的痕迹。人的性格是在不停改变的，它能够变好也可能变坏。拉斯金夫人说："错误与愚蠢并没有对我的生活造成坏的影响，我的财产与快乐不会被它们毁掉。那些正义之举一直影响着我，在它的帮助下，我与人舒畅的交流让生活变得更加愉快。"

物理学上说作用力与反作用力是同样大的。在道德的范畴内，我们也可以拿这条规律来应用，不管是善还是恶的行为都有着作用力和反作用力。我们的行为就如同榜样的作用一样对每个人都可能产生影响。人虽然是自然的作品，可是他们会为了自己的发展而改变自然。人可以皈依善行远离邪恶。圣·伯纳德说："我们要相信除了自己，没人能够伤害到我们，要是我受到了伤害，那不是别人的过错，是我自己种的恶果。"

自身的努力才能够形成优秀的品格。只有毫不松懈地规范自己的行为才能形成良好的品格。在自我的提高过程里我们会受到诱惑的干扰，可能品尝到失败的苦果，可是只要我们坚定信念，怀着一颗正直的心前进，就终将到达胜利的彼岸。人在这种进取心的带领下会产生一种无形的品格。这种进取心还会让我们具有饱满的精神状态。就算没有达到目标，我们也要相信付出不是徒劳的，我们还是会获得回报的。这种回报我们可能无法看见，可是我们的品格在它的作用下得到了提高。

让生活变得美好，这是人们的目标。在高尚榜样的参照下，所有人都会一心向善，努力提高自己的品格。他没有物质上的财富，可他在精神上是富有的。有没有高贵的地位不重要，他有着无人能及的荣誉，那更加耀眼。他高尚的品格会让他的人生不会因为平庸的天赋而失色。他是一个坦诚的人，是一个高尚的人，还是一个一身正气的人。

女王丈夫那颗善良的心和他仁慈的本性让所有人都被其感动。他在以女王的名义订立惠灵顿年度奖学金准则时采用了新的标准，他只想让品格高尚的学生获此殊荣，那些仅仅是具有聪明才智的学生，或是只具有勤俭美德的学生都是无缘获奖的。

只有具有了正直与务实的才能，并在坚持原则的基础之上才会有表现品格的行动。品格的最高形式，是在宗教道德与理性影响下表达出来的个人意志。那些对品格表示尊重的人，他们会经过认真的考虑后尽力向着目标前行，能影响他们的只有自己的良心，别人的看法是阻碍不了他们前行的脚步的。他们不会因为注重他人的品格而失掉了自己的独特个性。只有具有很大的勇气才能对人表以诚意，它的对错就只能交由时间与经验去评判了。

对于人们品格的形成，榜样的作用是巨大的。一个人要想保持自己的独立性，只要不断地尽力创造就可以了。"要想发出与众不同的光芒，人必须突破自我的牢笼，这样才会体现出人生的意义。"诗人丹尼尔这样说过。高贵的品格会让生活色彩丰富，工作充满意义，如果缺少了它，生活便会失去了方向而变得僵化不堪。

人会在崇高目标的作用下让性格通过意志得以表现，他会不计代价地勇敢前行，在他付出了努力之后，他人生的最高价值也会得以体现。他的勇敢和坚持会成为人们关注的品格。他会成为众人模仿的对象，他会成为人们心目里的榜样。人们会从他的言行里获得启示，并把它应用在自己的行动里。这点在路德身上就能得到证明。利希特这样评价路德："他行动的冲锋号就是他的语言。"德国人的品格里到现在还能看到路德留下的痕迹，他的人生之路对他的同胞们产生了深远的影响。

反过来说，邪恶来自于那与善良和正义相左的力量。洛瓦利斯在他的《论道德》一书中这样说道："理想与道德最可怕的敌人是什么？我们可以假定有一个比普通人精力充足，也比普通人更加强壮的野蛮人。他要是只为自己考虑，不顾他人的利益，胆大妄为，那他在人们眼里就是个彻头彻尾的大坏蛋。具有以上特点的人就是灾难之源。他就是一个为了带给人类灾祸而来到这个世界的恶棍。"

人们会在正确品格的引导下接受生活的管理。人们会因为高尚的品格充满活力。他在自己的所有活动里都会表达出公平公正的品格，这不会因为出席场合不同而有所改变。他明白公平对所有事情都是重要的。就算面对的是他的敌人，他也能信守承诺。传言谢里登将军是个很大方的人，哪怕是在战场之上他也表现得坦坦荡荡，不做出任何违背良心的举动。

具有这样性格的人还有福克斯，他也是个会去关注别人的感受与利益的好人。他这一行为让人们对他印象深刻。人们记着这样一个关于他的故事。福克斯某天正在店里数着钞票，一个商人这时进来拿着一张期票要他兑换，看到他手上拿着钱，商人想马上换到现金。"这可不行，这是我欠别人的钱，这是我用信誉从谢里登先生那借来的钱，要是我有些什么意外，这笔钱就没法给他了。"福克斯说道。商人听后把期票给撕毁了，说道："那我也把我的债务变成用名誉担保的。"福克斯被商人的行为感动了，为了对方的信任，他很快把钱兑现，说道："这些钱是你的了，让谢里登先生再稍等一下好了。"

人内在的良心通过品格得以体现。在人们的工作、言谈举止里，他的良心会被表达出来。克伦威尔在当权时向议会提出过这样的提案，把军队里的服务员和招待员都换成士兵。克伦威尔说道："那些士兵将为他们过去的行为而难受，看看艾恩赛德军团的士兵是如何做的？他们是远近闻名的榜样。这些人应该好好向那些模范学习。"

在人们的品格里，尊重也是一个重要的元素。这一特点是所有具有高尚品格的人都具有的。对于世代流传的东西，例如高雅的思想、崇高的理想和善良的行为，他都会给予尊重。对于那些历史中的人和同时代的普通人，他也都会表示尊重。尊重在人们之间是不可或缺的存在。人们之间会因为尊重的缺失而让诚信不复存在，随之而来也会影响社会的和平与发展。

托马斯·欧弗伯里爵士说："那些精神会理性地整理自己的经验，并将它们应用到自己以后的行动里。他的行动不会是谄媚的，一定是他内心的表达。在他心里，自己的声誉是最重要的，别人的心情他会予以关注，不会让自己的行为伤害到他人的尊严。他只会为了他所追求的真理而献身。他就如同太阳一般，用光和热给人们的生活带来规范。聪明人是他的朋友。平凡的人把他作为行动的榜样。在邪恶的人眼里，他则是个可怕的对手。他会认为自己与时间同行，那些光阴并没有离他远去。他的体力会被岁月所吞噬，可是他将会有一个越来越强大的心灵。他不会被痛苦所困扰。他会对所有人，还有现实里的所有事物表示尊重。"

每一种优秀品格，都需要从内心里有所坚持，以及在行动上的努力来达成。

要有勇气去说真话

正直和诚实是密不可分的，它们就是一个整体。单靠诚实无法让一个人变得伟大。可是在伟大的品格里，它是重要的一个因素。诚实让人与人之间充满信任。诚实是人最基础的需求，它是坚持原则、人品正直和独立自主的中心元素。当今这个时代，人们比任何一个时代更需要通过真话交流。

说谎是连说谎者本人都痛恨的恶习。说谎者会为他的谎言强辩，坚持辩白他的话是真实的。他害怕因为谎言而受到斥责，人们只会对真话表示尊敬。说谎的人是不正直的人，同时也是个胆小鬼。乔治·赫伯特说："要有勇气去说真话。"撒谎是毫无意义的。那些似是而非的谎言是最有害的谎言。那些胆怯的人无法说出真相，他们只能掺着真相说出假话。不以真面目示人就如同在说谎。一个人的言行都会反映出他的性格。卑鄙的人说一套，做一套。他们过着完全不同的两种生活。他们缺少真诚。真诚的人对别人真诚以待。他会相信那些表面的现象，按照自己说的那样行事，从不违反自己的诺言。

斯波金先生说："我们可以发现鼓吹慷慨的人却是个小气鬼。有些在生意往来里在乎事实的人，却在面对家庭与邻居时，对事实不再那么关心了。"

说谎是最常见，也是最普通的坏习惯。社会里到处都能发现说谎现象的存在。拒绝一个来访者，不在家是最流行的借口。人们已经很有默契地采用了说谎这一原则，这是人类事务中不可或缺的原则。一个谎言可能是无意的。它也可能是毫不重要的，或是于人无害的。谎言都是不一样的。说谎对每一个思想纯洁的人来说都是讨厌的行为。拉斯金说："谎言可能是偶然间的行为，或是不会留下什么影响的细微举动。可是它们也是不好的污染物，要是能把这些缺点与最邪恶的行为一起剔除掉，我们将会有着更加清新的生活环境。"

迦太基人为了与罗马达成和解，把囚犯雷古鲁斯由特使护送到了罗马。他们对雷古鲁斯说："要是你完不成任务就得回来继续坐牢。"雷古鲁斯承诺他将遵守这个协定。他来到罗马，劝说议员们要坚持战斗。他也不同意交换双方的俘虏。按照协定，他为此要回到敌人的牢中。议员们和主教都认为这个受到逼迫的协定无效，可以不去遵守。雷古鲁斯却说道："你们不该这样劝我，这样的行为会毁了我的名誉。我知道我回去将要面对什么，是折磨和死亡。可是让我背负耻辱苟活于世，这样对我的伤害更大。我这个迦太基人奴隶身上还留有罗马人的精神。我会遵循誓言而回去的。以后的事就交由神来决定好了。"在迦太基，雷古鲁斯受尽折磨，最终死在那里。

最大的诚实是对自己守信，遵守自己的承诺。因为一个人失去诚信，就相当于迷失了自己。

做好能成全你的小事

有句名言说："不重视生活中如何在小事上花费的人，最后会毁在这些小事上。"

生活中很多人会遇到挫折和失败，这个问题的根源就是因为他们忽略了一些小的事情。人的一生，是由一件一件的小事构成的。单独看起来，每一件小事都不是很重要，也不足以影响一个人的一生。但是，如何处理这些小事，则决定了一个人的一生。而个人品格，也是从一件件的小事上慢慢培养起来的——要争取每件小事都做好，才能培养出一个人的良好品格。许多商业人士，他们的成功，就是因为处理好了一些小事情。如果把家里的一些小事全部处理好，那么你就会感觉到很舒心。政府也和家庭一样，要成为一个好政府，也只能把每一项满足人民需要的小事，都一一安排好。

"不积跬步，无以至千里。"正是从一点点的知识和经验积累开始，我们才能拥有最有价值的知识和经验。有些人自身本没什么能力，而且还不爱学习和总结，一生都注定是个失败者。他们失败的原因，就是因为忽视了小事。不过，这些失败的人自己可能并不这样认为。他们自己认为是自己运气不够好，或者认为是上帝在和自己作对，而事实上和他们作对的就是他们自己。一直以来许多人都相信"运气"，但这种观念慢慢地被一些人抛弃了，就像一些流行的观念随时可能被抛弃一样。人们越来越相信勤奋，只有勤奋才能让人得到好运的眷顾。也就是说，一个人一生的成功，和他付出的努力、勤奋的程度以及是否认真对待小事成正比。懒惰、粗心和松懈的人，不会得到好运的眷顾。

不是运气使人成功，让人成功的还是劳动。有位美国作家说运气是等待某个事物的出现，而劳动却是靠着自己的努力和经过研究分析，去发现某些东西。运气躺在床上，希望邮递员送来继承遗产的好消息；而劳动是清晨6点起床，用自己一天的劳动为成功打下基础。运气常常抱怨上帝不公，而劳动则一直默默地工作着。运气是靠偶然一次的机会，劳动靠的是长期坚持不懈和个人的良好品格。运气自我约束力不强，而劳动则希望独立自主，而且它一直努力着，一直坚持着。

家务活大家一定都不陌生，它确实是小事，却关系到我们一家人的健康和幸福。比如，你是否一直保持住所的清洁？是否经常擦家里的地板、椅子、茶具等物品？这些看似小事，但如果做好了，却能给我们创造一个舒适的环境。而只有在舒适的环境下，才有利于培养人最高尚的品格。

房间里的空气循环，这也是小事。而且因为空气是看不见的，我们更会觉得它无关紧要。但是，假如我们一直不给房间里换新鲜空气的话，我们的健康就会受到损害。也许房间里会出现一块脏的地方，而且看上去不那么明显，但我们很可能就因为这一小块污垢而生出疾病。在生病后，才想到是那一片污垢惹的祸，已经晚了。因此，那有点污浊的空气和一小块污垢就不是小事了，而是一种对人体极为有害的东西。而家务活，就是由这一点点的小事构成的，这些小事综合在一起就可能影响你的一生。

在我们所戴的配饰中，一枚别针是很不起眼的，可是我们从戴别针的方式上，却能看出人的性格特点。有一个小伙子，他很精明，也到了能结婚的年龄了，他想找个老婆。为此，他拿着礼物去一些有年轻姑娘的人家。这天，他碰到了一位很漂亮的姑娘，但是却发现这位姑娘衣服上的别针没有别好，头发也有些乱。因此，他还没进家门，就选择放弃了，不去这位姑娘的家中了。也许你会认为这样的小伙子他自己就好像没什么本事吧，但其实他是个聪明的人，而且后来他结婚后成为一个模范丈夫。他就是通过别针这一件小事，来判断一个女人的，很显然他是正确的。

有位药剂师要找个助手，就对外公布了这个消息。之后，很多年轻人申请做他的助手。他把写了申请的人都请到店铺来，然后便开始考验这些年轻人。不过，他考验他们的题目却很简单——只要把价值一便士的盐放进口袋里就行了。当年轻人都这样做了之后，他宣布了谁可以做自己的助手——那个把一便士盐放进口袋里，做得最快、最熟练的人做自己的助手。他从这件小事上，来推断一个人的综合能力和这个人能否做事。

成功始于重视小事，失败缘于忽视细处。

为人处世要有诚信

利文斯顿先生有着让人感兴趣的一生。他的一些性格特征能在他讲述故事的时候得到体现。他对人友善，并且很谦虚。他是贫穷而诚实的高原人的后裔。他有一个祖先在当地很出名，因为过人的智慧和谨慎为人们所传颂。这位先祖死前把孩子们叫到身边，他叮嘱道："我的一生当中调查了家族所有的传统。我发现，我们的祖先都是诚实守信的人。你们要是说谎，那就是你们自己的问题，祖先是不会把这种恶德传给你的。我教导你们，做人必须要诚实。"在10岁的时候，利文斯顿就被家人送去了格拉斯哥。在那里，他开始在一家棉花厂做起了裁剪工。他拿第一周的工钱买了拉丁语法书。他一边自学这门语言，一边在夜校上起了课，一直上了好几年。他每天下班回家都一直学习到十二点半，他还想继续学下去，可是他母亲会为了他第二天六点的工作而催他早睡。

他在认识维吉尔和贺瑞斯时已经看过大量的书了。他会认真阅读除了小说以外的书，只要这些书他能拿到手就一定不会放过。他读的书以科普书籍和游记为主。他没有多少可以自由支配的时间，他会把这点时间用在对植物的研究和采集标本上。他在工厂上班时也在纺织的过程中抽暇看书。这个意志坚强的年轻人由此获得了许多知识。他的目标是，长大后成为一个传教士。他为此开始学习医学知识，并且接受与这份工作相关的教育。他把存的钱都用于去希腊的医学学习和格拉斯哥的神学学习上。他为此还上了几个冬天的课。他把学习以外的时间用在了纺织工作上。他自力更生完成了学业。大学期间的所有开销也都是自己在工厂里劳动得来的。他真诚地说道："我现在回顾那段时光，当时只有对工作的感激之情，疲劳倒没多少感觉。我的早期实践教育就是在辛勤工作里的锻炼。我没有觉得不幸，我现在也依然会选择去接受这样的早期教育。"他后来完成了医学课程和拉丁论文。他还通过了所有的考试，而且还考取了内科和外科医生的职业许可证。他最初的愿望是去中国，可是中国的战乱让他取消了行程安排。伦敦传教士协会接受了他的申请，最后，他被派去了非洲。他在1840年来到了非洲。他说道："这时的我，体会了一生中仅有的一次失望的痛苦。一个自主选择的人是很难接受别人对你前程安排的。"可是，在非洲的工作中，他依然全身心投入。他无法接受与别人一起参加他人组织的劳动。他要寻求自己独立的工作环境，他会在教课之余去工厂工作。他说道："工作很累，我没有精力再像以前那样在晚上进行学习。"

他和当地人一起劳动。他们挖渠道、造房子、下地劳作、驯养牲畜。他还教当地人如何做礼拜。他第一次与一群人徒步旅行时，无意间听到了人们的议论，这议论是关于他的，他们说："他看起来一点也不强壮。他的宽大的裤子遮住了他瘦弱的身体，我想他过不了多久就会掉队了。"传教士听后很不服气，他的好胜心使他不顾疲劳，没有掉队，最后他的行为获得了人们的良好评价，大家都对他的力量有了正确的认识。我们可以在他写的《传教士之旅》上了解他的非洲之行。与同类书比较，他的这本书尤显出色。

他伟人般的性格特征可以从另外一件事上得以证明。他登上了开往非洲的"博肯黑德"号蒸汽船，可是因为意外的麻烦，他无法起航。他于是花2000里拉派人回家定做了一艘轮船。这是他的全部稿费，他原打算把这笔钱作为留给孩子们的财产。要钱时，他让那人给他向家里带了个口信，他说："那笔钱就只能靠孩子们自己来挣取了。"

诚信是为人的根本，是一个人无形的资产。

性格决定成败

有很多人常常会发问或者抱怨："为什么我也努力了，付出了，却没有得到自己想要的？"这是因为他忽略了性格的重要性，比如性急、偏执、害羞、马虎等都有可能让你的努力打折扣。

性格决定一个人的命运

可以说性格决定着一个人的命运。一个人的一生是否成功，是否幸福都与他的性格息息相关。如果一个人性格开朗，那么他对人肯定非常友善、热情，并且很有礼貌，幸福自然就会来到他的身边。所以我们不要小看这些品德，即使它们非常平凡。正是由于它们，我们的一生才会幸福、灿烂。

没有人愿意和那些脏兮兮的人交往，可以说他们的这种行为是对别人的不尊重。他们身上还有很多令人讨厌的习惯，人们总是故意避开他们。穿着脏兮兮的衣服，蓬头垢面在街上走，肯定没有一个人愿意跟他们打招呼。他们还自称不拘小节，真是不知道廉耻。他们这样还敢在大街上走，很明显不尊重别人。人们可能喜欢他们或者敬佩他们吗？简直是无稽之谈。

戴维·安西隆不管做什么事情都很专注，不达目的绝不罢休。他是胡格诺派的一位传教人。他细心地研究了一遍胡格诺派的教义，并且把不恰当的地方做了修改。他经常说："宗教节日里的穿戴和饰品有很多的讲究，可是几乎没有人关注这一点，真的很遗憾。"

优雅的行为是顺其自然形成的，没有人为修饰。交谈的时候这种行为会不由自主地流露出来，并不是为了取悦别人，或者吸引别人而故意做出来的。

"每个人都有表现自我的欲望，并且这种欲望是无法避免的，因为它会从人们的言谈举止中不由自主地流露出来。"这句话是罗谢弗古尔德说的。一个人是否坦诚，是否率真，从他的言谈举止就可以看出来。比如说他非常友善、关心别人，并且很有礼貌，那么这个人肯定是一个非常诚恳的人。

坎农·金斯雷这样评价过西尼·史密斯："他很善良，并且非常勇敢。正是由于这两种品格，他得到了人们的拥护和爱戴。接触过史密斯的人会更加了解他，也更加尊敬他。对于史密斯来说，所有的人都是平等的，没有高低贵贱之分。他很热情，真诚地对待每一个人，尊重每一个人。他非常幸福，因为他身边充满了和谐，充满了爱。他的这种品质感染了很多人。"

当与别人交往的时候，如果对方是一个谈吐优雅的人，那么这次交往就会非常快乐。实际上，一个人内在的品质都通过他的言谈举止表现了出来。所以优雅的谈吐和举止会促进一个人的成功。

人的本性决定言行举止

在人们心里，出生卑微的人即使具备优雅的行为，也远远比不上有钱人们的优雅。他们生活在上流社会，具有高雅的言谈举止是理所当然的。大家都知道，有钱人家的孩子从小生活在文明的环境，受到很好的教育，他们根本不用学，身上就会具备高雅的气质。虽然上边说的有道理，不过穷人们具备优雅的举止也很常见。

上流社会的人们所具备的品质，穷人们一样具备。他们在劳动的时候互相帮助。通过言谈和举止来表示自己尊重对方。他们生活得非常快乐，因为他们身上都具备优雅的品质。不管他们在田间、街道上，还是在车间里，他们都会通过自己的言谈举止展示优雅的一面。车间里，如果有一个人非常有礼貌，并且很喜欢帮助别人，时间长了，整个车间的人都会被他的品质所感染，从而变得很有礼貌，也很和善。这就是强大的道德力量。这点在本杰明·富兰克林身上体现得淋漓尽致。他年轻的时候就是一位车间工人。他很有修养，谈吐举止都很高雅，正是由于他，整个车间都比以前文明多了。

有些人不仅谦虚而且很有礼貌，他们就像绅士一样，风度翩翩。真正的君子从来不会畏惧贫穷，但是如果他们不具备高尚的道德，他们将会一败涂地。我们都知道一个道理，生活在逆境中的人，往往会走向成功。如果一个人拥有远大的理想，并且在不断地追求，那么这个人就是一个有道德的人。一个人的品质是无价的，它没有办法用任何珍品来衡量。高尚的品质和道德能够促进人们的交流，并且会使人们心情愉悦。我们可以毫不夸张地说，良知和道德是人性最本质的东西。

要想使自己的民族更加壮大，就要不断地吸取其他民族的优点。一味地保守而不对外开放，只会让整个民族更加落后。英国的工人阶层要想得到更好的发展，第一要务就是向欧洲的其他国家学习文明礼貌。比如说法国和德国，它们是非常文明的国家，即使那些生活在最底层的人们，也同样具备高尚的品德。他们都很诚实，也很谦虚，并且看起来很有教养。他们会通过行为来展示自己的风度。当他们相遇的时候，他们就会把帽子摘下来，然后举起来，表示对对方的敬意。在他们眼里，这种做法代表一个人的道德和风度。工人们从来不会因为贫穷而愁眉不展，他们总是乐呵呵的。与我们国家工人的薪水相比，他们的工资少得可怜。可是他们从来不会怨天尤人，或者借酒消愁。他们每天都快乐地生活，在他们的脸上找不出一丝痛苦的表情。他们对生活的态度如此乐观，真是我们国家工人们学习的榜样。

有些人非常节俭，即使摆脱了过去的贫穷，他们仍然保持着这个良好的习惯。他们都有自己的爱好，并且这种爱好不需要花钱。他们能从自己的爱好中体会到很多快乐，就像人们累了需要休息一样，不仅可以缓解疲劳，而且还会使人精神饱满。爱好需要坚持，需要勤奋，如果做到这两点的话，它就会给人们带来更大的兴趣。一个人为了自己的爱好而努力，爱好反过来也会作用于他的行动，在他生活的各个角落都能够感觉到这种爱好。有些人喜欢干净，即使居住的地方非常简陋，他也会收拾得干干净净，东西都摆放得整整齐齐，让人一进门就有种心旷神怡的感觉。

一个人穿得再漂亮，也比不上拥有优雅的举止。高雅的情趣能够给生活增添光彩。所以要想生活得更加美好，就要培养自己的情趣。如果一个人具有美好的情趣，那么这个人就有高雅的风度。人们都喜欢快乐的场合，因为在那里他们就会有种惬意的感觉。一个人除了要有美好的情趣外，还要具有同情心、友善的行为，只有这样，他才会成为一位高尚的人，乐于助人的人。

家庭对一个人的言谈举止影响很大，就好比我们从小生活在什么样的家庭，就会养成什么样的习惯。我们都知道，在一个家庭中，母亲对孩子的影响是最大的。她平时的言谈举止就会直接影响到孩子。家庭在别人眼里的地位和每一个人的言谈举止是分不开的。家庭中的环境也会铸就家中成员的个性，不过也不能说，没有好的家庭环境就一定没有优雅的言谈举止。那些自制力强的家庭成员，在他们意识到家庭环境的恶劣之后，他们就会通过外界来培养自己优雅的言行。他们会有自己崇拜的著名人物，他们会从这些人身上学到很多优雅的东西，使自己的素质得到很大的提高。不过这种学习需要花费很多精力。

　　社会是一个大家庭。可以说社会上什么人都有，那些行为粗鲁，但是心地善良的人就像是没有精心雕琢的宝石一样。他们在社会上不断地接触那些高雅的人士，他们的言行举止就会顺其自然地发生改变。经过一段时间的磨炼，粗糙的宝石就会变得更加精细，发出闪亮的光芒。但与那些精美的宝石比起来，它们还差很多，还得继续磨炼才行。所以，要想成为一位大家羡慕的高雅人士，需要长时间的学习。要善于发现自身的不足，改正这些缺点，不断提高自己的素养。坚持学习一段时间之后，你就会发现自己的言行举止变得优雅得多了。

害羞的英国人

日耳曼民族的人都很害羞。在北欧的一些国家，害羞是一个非常典型的特征。不同的国家，所表现出来的害羞程度不同。

英国人在出行的时候，一般不会表现害羞的特征。不过他们给人的感觉是：不太温和，基本上没有同情心，也没有优雅的言谈举止，不管做什么事都很拘谨。偶尔他们也会表现出粗鲁的一面，尽管这样，他们有时还是会露出一丝害羞的表情。因为害羞是他们最典型的特征。

法国人非常绅士。他们举止优雅，并且善于交往。在他们眼里，英国人的害羞很滑稽。他们很喜欢以英国人为素材来搞怪，因为他们觉得那样会更有趣。乔治·桑德觉得，英格兰民族继承了大不列颠的特性，所以他们为人处世的时候非常死板。英国人给我们的感觉就是：没有情感，脸上几乎没有表情。有人这样评价英国人："他们不管遇到什么事情，或是走到哪里，都是一副淡然的样子，就像不怕猫的死耗子一样。"

法国人和爱尔兰人是最热情的，他们很喜欢交际。在这方面英国人、德国人和美国人都不如他们。法国人从小就懂得浪漫。他们与人交往的时候会注重很多细节，这些并不是他们刻意做出来的，而是从小养成的一种习惯。不过法国人有一个普遍的缺点，就是他们不太独立。日耳曼人的独立性非常强。在法国，他们最不喜欢那些沉默寡言的人。他们总是爽快地与别人交谈，他们健谈的性格会让人觉得很舒服。

德国人总是一副害羞的样子，他们不善于交际，行动看起来也很笨拙。有些人看起来非常活跃，和别人交谈的时候，眉飞色舞，但是他们并不具备高尚的品质。他们欢快的外表掩饰住了内心的邪恶，他们实际上都是自私自利的小人。看起来非常优雅的人，往往道德败坏。他们总是以华美的外表来蒙蔽人们的双眼。

我们到底喜欢与什么样的人交往呢？淳朴的人、言谈举止高雅的人、处事古板的人，还是那些行动笨拙的人？在我们的生活中，形形色色的人都有，可能连我们自己都不确定，到底喜欢和哪一类人交朋友，哪一种人才是最真诚的。

英国人做事笨拙，没有什么情趣。和他们交往起来很困难。他们总表现出一副硬硬的态度，让人觉得很傲慢，不过事实并不是这样。他们很害羞，让人不敢靠近。有时候他们自己也很讨厌这种害羞，很想改掉它，不过都没能成功。很多国家都喜欢把英国人当成绘画的素材，他们笨拙、羞怯的样子确实很搞笑。一些英国妇女们会觉得自己很丑，平时都不敢出门。

两个呆板、害羞的人即使坐在同一间屋子里，也不会面对面交谈。害羞的英国人外出旅游的时候，他们总是在火车上找到一个很安静的角落，静静地坐在那里。这时候如果有人也坐了过来，他就会表现出很不高兴的样子。到了吃饭的时间，他也会在餐车上选择一张没有人坐的桌子。不过由于人太多，很快他占的这张桌子也会坐满。由于他们的胆怯和害羞，使得他们不善于交际。可以说这两点是英国人最显著的特征。

荷尔普斯先生曾经说过："信奉孔夫子的人们，在拜见国王的时候总是非常紧张，呼吸急促、手足无措。"英国人就是这样，这也是他们不喜欢交际的原因。他们在日常生活中也会非常谨慎，有时也很不安。他们的行为被亨利·泰勒记录在《政治家》一书中。在英国，如果家里来了客人，主人就会先把客人安排到其他房间里休息，以便缓解他们紧张的心情。客人们总是非常胆小，坐在离主人较远的地方一动不动。他们一想到离开的时候要经过长廊，就会两腿发软，心里发慌。主人一般都会把来访者安排在门口坐着，这样他也不必太惊慌。

礼多近乎怯。看起来害羞的英国人，是因为很早以前就形成的民族风格，让他们很在乎别人的感受，这也是社会文明进步的一个标志。

过于腼腆不是一件好事

国王阿尔伯特非常和善，待人热情、亲切。除此之外，他还有一个典型的特征，就是孤僻。在与别人交往的时候，他就会很腼腆，很胆怯。他很想改掉这个毛病，可是再怎么下功夫也不见成效。有时候国王故意用其他的行为来遮掩自己的腼腆，不过无意间它还是会流露出来。

有一位作家这样说："长期的拘束就会使人变得很腼腆，要想战胜腼腆，必须具备一定的自豪感和自信心。否则，腼腆只会让人更加温和。"

有些著名的科学家身上，也有和国王一样的缺点。其中最著名的一位就是牛顿。他非常腼腆。实际上他早就发现了万有引力定律，可是他不想出名，就一直没有公开。经过很多年以后，这项伟大的发现才公之于世。他后来还发现了二项式原理，也同样因为他腼腆、胆怯的性格，几年后才公布。关于月亮绕地球旋转这个理论，牛顿早就论证清楚了。他把这个理论告诉了科林斯，科林斯把它发表在了《哲学会刊》上，不过牛顿不让他公布自己的名字。牛顿曾经说过这样的话："我不想让那么多人知道我。所以在公布成果的时候，我不愿意公布自己的名字。"

莎士比亚也不亚于牛顿，他非常腼腆，并且十分谦虚。莎士比亚所演出的剧本，大都不是他写的，也不是他修改过的。国外有很多以莎士比亚命名的剧本都是假的，那些商贩们为了谋取利益，胡乱伪造。有时候他也会演一些自己创作的剧本，不过都是配角。他不想让自己名传万里，成为人们的焦点。他一生淡泊名利。在他40来岁的时候，他觉得自己的创作激情减退了，就默默地退出了伦敦演艺界。他搬到了英国中部的一个小镇上生活，因为那里很少有人认识他。这些事情很好地证明了莎士比亚的两大特性：谦虚、腼腆。

莎士比亚通过写作来发挥自己的才能，他的道德和情感也会在他的作品中体现出来。在莎士比亚所有的作品中，几乎找不到"希望"二字。在一次特殊的情况下，他写下了这样的话："心里的伤痛是无法用药物医治的，当然我希望有这样的药物出现。"不过这句话饱含了很多无奈和沮丧。

莎士比亚有时也会写一些非常悲观的东西，比如说他曾在一首诗中写道："我是一个孤独的、无家可归的人，我的命运为什么如此悲惨？我抬头问苍天，为什么把这份痛苦强加在我身上？周围一片寂静，苍天没有回答。孤独侵蚀着我的心灵，突然间，我有种轻生的意念。我祈求上苍赐予我很多朋友，让我像平常人那样快乐地生活。我希望幸福会降临在我身上。"

莎士比亚的腿有残疾，所以他很不自信。在当演员期间他很痛苦。他会经常感到绝望，很想一死了之。他是一个感情丰富且细腻的人。如果发生一件小事情，他就会联想到很多，他无法承受这些痛苦。他期盼死亡快点到来。

加里克因巴拉是一名戏剧家，塑造了无数个英雄人物。三十年来，他登台演出无数次，可能我们会认为，他早已练成了沉着、冷静的性格。可是，当有一起案件需要他作证的时候，他站在法官面前浑身哆嗦、语无伦次，无奈，法官只好让他退出法庭。

查尔斯·马修先生也非常腼腆。他经常在大型的晚会上演出，可是下台后，他很怕见到熟人。为了躲开熟人，他宁愿拖着瘸腿绕到其他巷子。他的妻子说："他生活中很害羞，出门的时候最怕别人认出他。"当他在街上散步的时候，如果有人叫他，他就会非常紧张，六神无主。

拜伦勋爵更是如此，在他的传记里这样写道："有一次在南威尔，拜伦拜访了比戈特夫人。正当他们聊天时，他看到远处门口进来一位陌生人，他立刻翻过窗户，暂时躲避到草坪旁。"

华特雷是一位大主教，他年轻的时候非常腼腆。当时他在牛津，总是戴一顶白色的帽子，穿一件白色的粗布衬衫。别人因此给他取名白熊，他觉得这个名字非常适合自己，因为他的行为举止像熊一样笨拙。朋友们都劝他以后多学习一些文雅的行为，这样有利于交际。他也想改变一下自己，可是由于他的羞怯感太强，最终还是无果。

华特雷的努力都白费了，他因此非常失落。他说："我努力了这么长时间，为什么没有进步呢？哪怕让我看到一点点希望我也会继续坚持的。为什么不幸总是降临在我身上呢？我现在一点信心都没有了，这样无用地活着，还不如死了痛快。我不想像熊那样笨拙，可是不管我怎么努力都摆脱不了那种想法。难道我的一生非要像熊那样笨吗？"

为了让自己活得快乐些，不管别人怎么评价他，他都不在乎，他也不会为了改变自己笨拙的行为整天闷闷不乐。他又自言自语地说："真是太奇怪了，当我觉得自己笨拙想改变自己的时候，总是一事无成。可是当我把这些放下的时候，我竟然轻松地成功了。我把那些能够使我行为优雅的规则全部抛弃，从此之后我的行为更加轻松自然，那种胆怯的痛苦也不知不觉地离我而去。我终于明白了，越多的规则约束我，我的行为越是不自然，因为我的心与这种行为相抵触。那些行为粗俗的人并非心地不善良，实际上我并不向往那些高雅的言谈举止，我认为那些都是虚情假意的掩饰。我的体会是：真正的善良会通过肢体语言自然地流露出来，没有必要用形式化的举止来体现。"

华盛顿骨子里也是一名英国人，所以他身上也具备英国人腼腆、羞怯的特性。乔西亚·昆西先生曾经这样评价华盛顿：

"华盛顿和其他人不同，他的行为举止与传统的习俗背道而驰。他不善于交际，在面对陌生人的时候，总是显得很腼腆。他说话的语气有些硬，行为也不太优雅，不过他的礼貌还是会通过言行体现出来的。"

美国人在我们的印象中，并不是很羞怯、腼腆。拉沙尼尔·霍桑虽然是一位美国人，但是他却很腼腆，并且这种腼腆已经达到了非常严重的地步。比如说，有客人来拜访他，他就会背对着客人交谈。他总是穿一些样式简单，颜色暗淡的衣服，这样出门的时候就不会有人认出他。他知道自己的行为一点都不雅观，他也为此非常难过。他说过这样的话："如果一个人犯了错误，上帝一定会原谅他的。但是如果一个人的行为非常笨拙，上帝和世人都不会原谅他的。"他实际上是一位和蔼可亲的人。

霍桑出版了一本著作，名叫《笔记》。其中有这样一段话："在一个社交场合，我碰巧遇到了荷尔普斯先生，他看上去面无表情，非常冷淡。同样在荷尔普斯先生眼里，我也是这样。在这公开的场合，两个腼腆的人相遇，只会给对方留下一种冷漠感，然后互相离去。"爱尔维修曾经说过这样一句话：

"如果想尊重身边的每一个人，爱戴身边的每一个人，就不应该过于腼腆、羞怯。"

上边的例子向我们说明，过于腼腆会给我们的生活带来很多麻烦。我们都知道，羞怯、腼腆的人一般都不善于交际，话语有些生硬、举止不太优雅，总是给人一种冷冷的感觉。他们不喜欢那些群体性质的活动，因此他们失去了很多锻炼的机会。一旦见了陌生人，就会非常紧张、不安。他们总是沉默寡言，别人根本不知道他们到底在想什么，当然别人也不会向他们吐露心声。从心理学讲，这种行为不利于身体健康。

不同国家的不同性格

最早的时候，德国人很内向，他们不喜欢与别人打交道。他们有时候被称为哑巴，那些喜欢交际的人渐渐地疏远了他们。法国人和爱尔兰人言语直爽、擅长交际，并且非常机智。德国人与他们比起来，真可谓是哑巴。

英国人继承了英格兰民族的特性，非常爱自己的家。英国人一旦成家，他们就会把所有的精力放在家庭上，社会上的事情他们不太关注。有时候他们会为了自己的喜好，长途跋涉来到大草原或者原始森林，并在那里安家生活。只要他们有自己的家，跟孩子和妻子待在一起，再偏僻困苦的地方他们也不害怕。英国人和美国人有着共同的特性，就是以移民或者殖民为乐。直到今天这种习性仍然保留着，他们很享受这种生活。

　　法国人擅长社交，他们不喜欢殖民者们的生活。早期法国人实力很强，他们可以占领北美大陆的大部分地区。不过他们没有这么做，而是通过勤劳和自立沿着海岸向西扩展，他们在那个地区的殖民地越来越大。可是他们在北美地区只剩下阿卡迪亚一块地方，其他领土都失去了。

　　正是由于法国人喜欢社交，他们才失去了很多先前占有的土地，并且他们也不会一味地扩展自己的领土。所以他们在这一点上与日耳曼民族差别很大。有一些殖民者非常勤劳，他们通过自己的努力向森林或者其他荒无人烟的地方拓展领土。他们非常独立，两户人间最少也会相隔几英尺（1英尺=0.3048米）。英格兰人和苏格兰人就是这样。法兰西血统的殖民者就不一样了，他们不喜欢生活在偏僻的地方，那样他们交往起来就很不方便。他们的房子都建在路旁，并且很多家的房子都连在一起。房子后边就是田地，他们把田地分成很多狭长的小块，便于区分和耕种。

　　各国之间的生活差异确实很大，与英国人和德国人比起来，美国人更喜欢偏僻、荒凉的生活。他们以生活在荒无人烟的地方为乐，在他们眼里，那种生活是一种享受。居住在美国西部的人民，他们会在大量的殖民者们到来之前，把所有的东西放在马车上，带着妻子和孩子准备出发。因为殖民们到来后，村子里的人就会很多，所以他们给殖民者们腾出地方，驾着马车朝西部行进。他们会在偏远的西部开拓自己的新家园，他们喜欢这样的生活。

有很多国家的人不擅长交际，他们喜欢孤独的生活。比如德国人、美国人、苏格兰人和英格兰人。他们并没有太大的期望，只要有个自己的小家，家人都能舒适地生活，这样他们就很满足了。他们不善于交际，整天忙着耕田、开垦，因此他们的种族发展得很快。具有法兰西血统的人们举止典雅，非常喜欢交际。他们把大部分时间都用在了交际方面，不喜欢去拓展自己的殖民地。因此他们的领土很小。

英国人很勤劳，种族发展很快。除此之外，他们还有很多优秀的品质。他们养成了自立、自强的好品质。他们不会把时间和精力都浪费在社交方面，平时他们喜欢看书、发明东西，或者研究某一现象。他们通过自己的努力成为一名优秀的机械工，在自己的岗位上认真工作。他们之所以能成为优秀的渔夫、海员，或者发现新的大陆，是因为他们能耐得住寂寞。

他们喜欢海洋，即使潜入海洋深处他们也不会害怕。在很早以前，北方人探索了北海，从那以后，英国人在这个领域上取得了很大的成就。他们的舰队抵达过世界很多地方，比如说欧洲的很多海湾——地中海等。

英国人说话粗俗、直率。在和别人交谈时，对方总觉得他们缺乏艺术修养。也许他们就是没有这方面的天赋，比如说，英国没有特别优秀、出众的舞蹈家、演员、歌唱家、服装设计师等，因为这些都跟艺术有关。不过伟大的航海家、机械工、殖民者大都出自英国。英国人看起来有些笨拙，行动不灵敏，他们的话语非常朴实，没有什么风趣。他们想说什么就会直接说出来，从来不会转弯抹角。和别人交谈时，他们不会注意自己的举止和风度。他们也不太讲究穿着。

几年前，巴黎举行了盛大的公牛展览会，有很多国家都来参加。在这里更是体现了各国人民的特点。展览会快要结束的时候，所有参赛选手牵着自己的公牛站在台上，等待着颁奖。首先出场的是一位西班牙人，他穿着华丽的服饰。虽然他获得了最低的奖项，但是他仍然很高兴，眉飞色舞，好像获得了大奖一样。过了一会儿，衣着得体的法国人和意大利人牵着公牛走了过来，两头公牛身上披着彩色的布条。他们接过奖品后，礼貌地走下台去。他们的举止非常优雅。

最高奖项的获得者走了过来，他穿着非常朴素的衣服，裤子下边用绳子绑着，简直就像一位农民。即使站在最高的领奖台上，他仍然一副无精打采的样子。观众们都很吃惊，问道："他是谁呀？拿了大奖也不高兴。"

"他是英国人，他们本来就是这样。"有人回答他。

这就是英国人的表现。这个奖项本来就是他的公牛赢得的，他没有必要在台上展示自己。他接过奖品，低着头就走了。

用责任心约束自己

我们民族该以尽职尽责为豪，它才是我们民族宝贵的精神财宝。民族具有了这种精神才能走向昌盛，未来也才能有希望，可要是这种精神被贪婪之心或虚荣之心所取代，或是丢失了，那等待民族的就只有灾难和毁灭。

对于最近走向崩溃的法兰西民族，一些有识之士都有着一致的意见。那是由于这个民族把责任感抛弃了，人们内心已经找不到忠诚的存在了。法国驻柏林的武官斯多菲尔上校，他在大战之前就表达出了自己的担忧。在战争前一年，也就是在1869年8月，他给皇帝写了一封信，在信中，上校说道："德国人有着严格的秩序性，他们都是受过严格教育的人。他们勤劳勇敢，对工作充满责任感，勇于为自己的民族振兴而付出自己的一切。他们以尽职尽责为天职。他们对敬业精神的崇拜，在其他民族身上是极为少见的。法兰西民族现在却让人沮丧，他们被浮华所俘虏。我们的人民不顾道德与正义，对一切都不在乎，对祖国缺少热情，对家庭生活也不注重，对待勤劳与奋斗的美德也不敬重，更谈不上拥有敬业精神了。对于一切，他们都致以浅薄、轻浮的嘲弄。灾难会降临到法国人的头上，那是由于他们对真理的蔑视，对职责的无视。"

在斯多菲尔上校著名的报告里，有这样一段话语："对于普鲁士的充沛精力和活力十足的朝气，他们对爱国主义的推崇，他们对自我的克制，不会被酒色所迷惑，他们身体强健，拥有坚定的信仰，他们崇尚高贵、勇敢和勤劳的美德，这些是每个在柏林住过的人都了解的。与普鲁士人相比，法兰西人与之截然相反：法兰西人不喜欢创业，他们目空一切，对于体力劳动，表示出不屑的态度。在法兰西人眼中，道德、正义、家庭、爱国主义都是毫无价值的东西。剧院里充满了淫秽和下流的思想，人们在那里变得堕落。这个愚昧，并且衰弱的民族正经受着毒药的侵蚀。这个民族很难变得明智和道德，这些民族重要的品质他们无法具备，那是由于这个民族没有自我恢复和重新振作的智慧和力量。

"那些高尚的思想、真诚的品格和勇敢的精神都被这个民族所抛弃，现在踪影全无。这样继续下去，法兰西最终留下的，将只会是一些精神垃圾。可是法国人并没意识到，在他们堕落的时候，许多有着进取心的民族追上了他们的步伐，现在已经把他们远远甩在身后了，这是多么可悲的啊！就像在水中逆流而上，要是不前进就会被冲到后面。法国现在无疑已经在历史车轮的后面了。

"对于我的这些担心，我很明白法国人不会接受。这些深刻的见解并不能让他们清醒。我衷心希望那些有远见和心地正直的法国人能去普鲁士看看。他们能够在那里看到一个勤劳而聪明的民族，对于这点，我深信不疑。他们会发现那里没有奢华的酒宴，也没有浮华的歌舞演出，它只有牢固的道德，这道德是会让人心魄震动的。那个民族不知疲倦、对秩序表示尊重、注重节约。他们有着崇高的职责感，他们也坚守自己的义务。对于个人的尊严，他们看得非常重要。他们身上具体地体现出了爱国主义，每个人的生活都与之有关。优秀的品德在他们身上得到了有机的结合。他们对权威和法律给予尊重。当然法国也有过为职责牺牲的人，不过这离现在很遥远，是很久以前的事了。为了自己职责而尊重权威和法律的人有拜亚尔、杜尔斯克兰、科里尼、迪凯纳、杜蕾纳、柯尔贝尔和苏利等人。

"在那里，法兰西人能够了解到真正的健康、公平和秩序。那个社会的上层人都具有高深的知识素养、文明的社会道德和永不放弃的敬业精神。对于自己的身份和荣誉，他们一刻也不会让它受损。在那里，法兰西人能看到出色的政府机构，所有的事情都是在井然有序地进行着。那里的人不会被感官的快乐所迷惑，社会上一切都是协调而稳定的，简直让人觉得不可思议，它就如同一栋不会被风雨所损害的大楼。

"看看我们身处的法国是个什么样子？这里被混乱、喧哗和吵闹所包裹。人们不再遵守职责，只去追求名利，无视道德的戒律。对于这个世界和知识，没有人表现出兴趣。许多愚昧之徒在法兰西身居要职，他们只会夸夸其谈，没有见解，而且对一切都看不上眼。这些人只会溜须拍马，而且不懂得什么叫作坚持。民族也会因此而走向毁灭。

"自私与自傲是法兰西人具有的特点，在他们眼中没有激励的概念，他们对于改革与创新是不会接受的。法兰西人的道德不会认可自我克制、忠于职守和公而忘私等美德，要想让他们在社会中加以执行，那简直就是不可能的事。"

无论是一个人还是一个民族，如果没有责任心约束，就会被人所不齿。

自省的重要性

时常检点自己的言行，这样就能让生活变得幸福。在有些时候，打人都不如无心的恶语的伤害严重。语言就如同一把锋利的匕首，这是人们耳熟能详的话。"相较于刺刀的伤害来说，语言造成的伤害更加严重。"法国谚语这样说道。对方会因为你刻薄的语言而倍显尴尬。只有具备了极强的自我控制能力，人们才能把这些恶言驱逐出自己的话语。在《家》这本书中，布雷默夫人说道："那些使人伤心难过的话，它们是上天不准许我们说的话。它们对人心的伤害远比刀剑更加厉害，它们产生的剧烈痛苦，可能会伴随人的一生。"

那些杰出人物对自身的言行都会注意自我控制。那些聪明人，他们会懂得自我控制，不会说些不合时宜的话，一定都是在深思熟虑之后再开口。可是那些缺乏理智的人就做得很糟糕，他们都会口无遮拦，他们的朋友也会因此而离开。所罗门说："明智的人会用嘴表达自己的心灵，那些愚昧的人，他们的心灵都放在嘴上。"

可是说话不顾后果的人里也有智商高的人，那些人往往是缺乏耐心，没有自我控制的能力。这些人易于感情用事，思维灵敏但说话刻薄。他们容易受到欢呼和赞美的蛊惑，因此而受到自己夸夸其谈带来的无穷伤害，还有因此产生的后患。那些不能控制嘴巴的人中，还有一些可能被提名的政客。边沁说道："怎样说一句话，这关系着命运或有可能决定着国家的前途。"所以对自己的思想要尽可能地控制住，那些有着尖锐批评观点的文章，最好还是不要去发表。西班牙有句格言，是这样说的："与狮子的利爪相比，一支鹅毛笔会显得更加锋利。"

对于奥利弗·克伦威尔，卡莱尔在谈到他时说道："让人觉得遗憾的是他不会把话藏在心里，他也由此成就不了大事。"对于威廉，他的主要政敌是如此评论的："他的话语里，找不到一句妄自尊大的话语，也找不到一句不负责任的话语。"在这一点上，华盛顿也有着一样的表现，他对自己要说的话极为重视。在进行辩论时，他不会为了寻求短期的胜利而恶意地攻击他人。那些得到大家拥戴和支持的人，他们是明智的人，他们懂得要在适当的时候保持沉默。

一些经历丰富的人会为自己以前的言论后悔，可是他们中绝没有为保持沉默而后悔过的人。毕达哥拉斯说："只有说话有分寸了才可以不再保持沉默。"乔治·赫伯特说道："要是不能说出合适的话语，那么就明智地保持沉默好了。"利·亨特称圣·弗朗西斯·德·沙列斯为"绅士圣人"，这位"绅士圣人"说道："把话全部说出来，还不如保持沉默为好，这就如同一道美味的菜品，要是添加了太多调料，这道菜也就毁了。"拉科德尔，这位法国人总会保留一点自己的意见，他会留些话在心里，说完合适的话之后，他就沉默不语了。他说："演说之后保持沉默是最好的选择。"在合适的时候，一个字也能发挥出宝贵的作用。威尔士有段格言说道："那些有福的人，他们口中的舌头就像金子一样宝贵。"

16世纪的西班牙，有位杰出的诗人叫德·莱昂，他的自我控制能力很优秀。他被宗教法庭关在地牢，在那阴暗的地方待了好几年，原因就是他把《圣经》的一部分翻译成了本国语。他出狱后重新当上教授，成千上万的听众来听他出狱后的第一次演讲，他们都对牢里那些奇闻轶事感兴趣。可是德·莱昂是个明智的人，他没有对宗教法庭发表激烈的谴责，他的演讲都是在柔和的语气下进行。他的演讲只是五年前演讲的延续，他没有涉及其他问题，明快地直达主题。

可是在某些时候，发泄正当的愤慨也是无可指责的。人们会因为见到错误、自私和残忍而心存愤慨，那些卑劣的行为，正义之士是会为此感到愤怒的。佩斯说："我也知道要愤慨，可是坏人只能得意一时，好人还是比坏人要多的。我们应该去支持那些坚定并且拥有力量的人。实话实说，有些话，我也会后悔曾经说过，因此，我也明白，保持沉默是非常重要的行为。"

对错误心知肚明的人，他们都能明辨是非。他们会在激情澎湃时发表热情洋溢的演讲。伊丽莎白·卢卡夫人如此写道："我们在高贵心灵的指引下学会了做人的方法。那就是不欠钱、不贪得利益、不欺骗、不干坏事、不去给心灵造成伤害，让自己的心灵变得自由。"

要想修正狭隘的脾气就要不停地增加智慧和获取更多的生活经验。人们要想从无谓的纠葛中脱身，具有良好的修养是必需的。陷入这些无意义的纠葛之中的人，他们都不够宽容，而且脾气也是狭隘的。那些公正、理智、谨慎和仁慈处理生活中的事务的人，他们都具有良好的修养。他们对人宽厚，懂得克制自己。这些行为是愚昧和小肚鸡肠的人所没有的。一个人有多聪明，那他就会对人有多宽厚，对于他人，宽厚和聪明的人会大度的给予谅解，也会站在他人的立场考虑问题。歌德说："我不会担心自己会犯错，也可以说，我就没犯过错。"

自己才是人生之路的开拓者。那些快乐幸福的人是由于自己开朗快乐，而忧郁的人也只能走在忧郁的人生之路上。周围的现实在人的性情上得以表达。爱发牢骚的人会发现别人同样爱发牢骚。要是我们对他人表现出刻薄的态度，那么我们自己也会受到他人刻薄的回应。有一个人，他参加了一个晚会，在晚会结束后走在回家的路上，他对在路上遇见的警察说道："有个人在跟踪我，他看起来像个窃贼。"可这不过是他自己的妄想。这也表明，我们自己的心态造就了我们的人生。

自制力是一种美德

各种痛苦在自我的克制下都能够被抵御。人们可以在严格自律的帮助下走出可怕的阴影。时代的发展可以靠勤奋向上来推动。人会因为拥有了宽宏大量的情感而变得心情愉快，并且活力四射。人们会欢迎所有这些善良的品格。

要想获得真正的自由，人必须先学会自我控制。

在世俗社会里，人们用合适的手段过上舒适的生活是很正当的行为。人们要想追求更高的精神文化，必须先满足物质生活需求，这样家人也不会为衣食所苦。我们在生活的道路上如何面对机遇的态度，就决定了人们对我们的尊重程度。所以，对此我们必须放在心上。在成功前，我们为此所进行的努力就是一种教育。它使人变得更加具有自尊感，更加注重自己的行为，让人加强实际操作能力，让优秀品德得到锻炼。勤俭谨慎的人不会只顾眼前，他们会为未来做好长远的准备。他们也会有自我克制的美德，并懂得控制自己的欲望。约翰·斯特灵实话实说："那唯独忽视自我克制的教育，它还比不上只教自我克制这一项的教育方法。"在古罗马语言中美德就是代表勇气。美德具有精神层面的意义。战胜他人的勇气，这在罗马人眼里是最大的美德。

最需要培养和学习的就是自我克制的美德，它懂得牺牲目前的满足，为将来做好谋划。那些知道金钱来之不易的人，他们往往是通过自己辛勤的劳动获取金钱。那些不节制用度偿还欠债的人，会在挥霍无度的宴席后，过着痛苦的节省生活。在平常的日子里，我们中的许多人生活舒适，经济独立。可是，当面对突发事情时，有些人就表现得手足无措了。约翰·拉塞尔男爵曾被一位人民代表拜访过，那人谈到了一个问题，是关于向国内工人阶级征税的。男爵回应道："对工人阶级收的税，你可以指望政府收的不比在酗酒者身上收的多。"公众问题中，老百姓是最关心税收问题的。在所有的社会里，只要是税收改革，都会最大限度地以保护劳动者利益为前提。具备了自我克制和自我帮助的普通劳动者，他们可能会不遗余力地要求改革国会议员的竞选程序，这一点是毋庸置疑的。这种由关注公众问题而引起的高涨的爱国主义情绪，在现代社会里会让人们的勤俭美德教育受到不利的影响。忽视勤俭节约的美德，对于工人阶级是极为不利的，他们要靠勤俭的生活来保持经济上的独立。塞缪尔·德鲁，这位成为现代哲学大师的鞋匠说道："要修补过去的恶疮，勤俭节约和适当的开支计划是这方面最好的艺术。议会的任何改革法案都不如这看似微小的美德有效。"苏格拉底这样说道："要想改变世界，那些人必须先改变自己。"

人们认为与改正自身的恶习相比较，改革教会和政府反而会容易许多。邻居的恶行也较为容易纠正。这样的例子在实际生活里到处都是。

不会节省开支的人，他们没有积蓄，只能永远生活在社会的底层，永远生活在贫困之中。他们受到排斥，显得毫无作为。他们无缘各种季节性运动。他们在社会的边缘漂泊。这些人因为对自己不尊重，所以别人也不会对他们表达出尊重。他们会是经济危机时的失败者。他们贪图小利，为了一点钱就受人指使，他们一旦被人制约就会日夜担心起自己妻小的命运。对哈德菲尔德的工人，科布登先生说道："世界上有两种工人，一种会积累财富，一种只会无度挥霍财物。这也就是在我们眼中，表现节俭的人和浪费的人。节俭的人造就了世上所有的房屋、工厂、桥梁、船只和整个人类文明的伟大工程。奢侈浪费的人却只能成为奴仆。这是自然的规律。要是我是个骗子，我就会告诉你们，游手好闲和奢华生活一样能使你们进步。"

可以说，生活中的美好和幸福都来源于自制力，拥有自制力的人无形中就有一种美德。

细心，不要忽略小事

当我们忽略一些小事时，经常会造成一些严重的后果。

一艘货轮满载货物，在回国的途中沉没了，原因是船底有个非常小的洞。船上的工作人员在货轮起航前，发现了这个极小的洞，但认为它不会影响货轮的航行，因而没有修理，导致了惨剧的发生。

一根铁钉坏了，就等于一个蹄铁报废了；一个蹄铁报废了，就等于一匹战马不能上战场了；一匹战马不能上战场，那么原先骑马的这个谋士就可能被敌军很轻易地杀掉；失去这个谋士，这支军队的统帅就可能因为没有谋士的提醒而作出错误的战略谋划，从而导致全军覆没。这一支军队就这样覆灭了，追本溯源，不过是因为蹄铁上的一根小铁钉坏了！

那些忽视小事的人总是这样说："没什么大不了！"或"差不多！"之类的话，就是因为这样一句话，许多船只被大海吞没，许多房子毁于大火，人类无数的建筑和研究工程被顷刻间葬送掉了。它是成功路上的一块绊脚石，总是阻碍或者延缓我们的成功。并不是什么"差不多"，问题的关键是到底应该怎样做才是最佳选择！如果一个人经常说"差不多吧！"那么他就等于把自己交给了失败，我们也不能再对他抱有什么期望了，因为他注定无法成为一个成功者。

法国政治经济学家萨伊也曾讲过一个忽视小事导致严重后果的例子：一家乡下农场的周围有一圈围栏，围栏的作用就是为了防止家禽从农场里跑出来。这天，围栏的门因为少一个插销，总是关不严，一有人出入，就会晃来晃去。买一个插销很简单，用几分钟就可以了，而且不贵，只要一两个便士就行。因为门关不严，一些家禽偷跑了出去。这天农场的主人发现一头小猪跑了，立刻命令家里所有人先放下手里的工作，把小猪找回来。于是，农场的园丁、厨子、挤奶工都放下了手里的活，一起寻找小猪。园丁很幸运，他最早看到了这头小猪，当时他和小猪隔着一条水沟，他立刻跳了过去。这一跳扭伤了他的脚，在床上躺了两星期才起来。厨子在去找猪之前，正在火边要烤干潮湿的亚麻布，他回来时发现布已经被烧着了。挤奶工在找猪之前，正在挤奶，听到主人要求去找猪，情急之下没有系紧拴奶牛用的绳子，以至于那头奶牛横冲直撞，踩断了一匹马的腿。亚麻布被烧，园丁因伤休息两周，一匹小马断了腿，这些造成的损失是一个插销的无数倍。

生活中像这种因小失大的事例还有很多。当你习惯性地忽略一些小事的时候，大的灾难随时都有可能降临。

要致富，就得靠自己那一双勤劳的手，在对待小事上，要像对待大事一样认真。因为有些事虽然看上去很小，但是做不好这些小事，却能影响全局，因此像关注大事一样关注小事，是非常必要的。

不论何时，你要对自己的人生负责

生命对每个人都一样，一生只有一次。不论是生活还是工作，没有人能代替你完成。我始终认为对自己负责的人，才知道他想要什么，才能够把人生过得有意义。

怎样获得幸福快乐的婚姻

自力更生的人在管理钱财的时候不可避免地要用到数学方面的知识，但不少女性对加减乘除一窍不通，即使是女老师也觉得数学无关紧要，她们更喜欢文字、音乐和手工类的课程。其实数学在生活中随处可见，要是连基本的算术都不会，又如何能妥善地安排自己的收入呢？房租要多少，吃穿要多少，这些统统都需要算术来解决。若是大家都不懂数学，生活将会非常困难，举步维艰，人们在计算自己收入和开销的时候就会一塌糊涂，甚至还有不少家庭因为收支安排不恰当而逐渐变得贫穷。

现在年轻人对婚姻过于草率也是他们生活贫困的原因之一。小伙子如果在派对里看到一位漂亮可爱的小姐，就会邀请她跳舞，两人一起聊天，双方的感觉还不错，甚至在睡觉的时候都梦见她。于是小伙子开始向这位小姐求爱，最终抱得美人归。仔细想想，他爱的其实就是小姐的外貌，而对这位小姐来说，结婚意味着要学习很多之前从未遇见过的东西，比如家务和理财。美丽的小姐开始为家庭劳作。

结婚之初，丈夫和妻子还不能很快地适应家庭生活，他们惶然不知自己在这个新家中是个什么角色，应该做些什么。索性两人安安静静地先生活一段时间，然后慢慢摸索。有一个妇女，她的家庭美满、生活幸福，在我们问她秘诀的时候，她说通常第一年都是在困难和坎坷中走过来的，因为大家什么都不懂，磕磕绊绊地好不容易才找到自己在家庭里的位置。第一年她学会了很多东西，现在仍然还有不少东西要学。只要大家齐心协力，相互帮助，一定可以战胜困难，幸福地生活在一起。

不过刚才那对小夫妻，那个小伙子和漂亮的小姐，他们显然没有考虑到婚后生活的种种不易，全凭一时冲动就结了婚。可能是恋爱的兴奋让他们一时迷失自我，等到结婚后才发现现实并不是想象中那么美好，恋爱时的激情在婚后慢慢变淡，平静的日子让他们感到失望，对那些偶尔冒出来的小打小闹他们显然也没有做好充分准备。渐渐地两人之间出现矛盾，漂亮的小姐只好以泪洗面，但是男人最不喜欢看到女人为了一些小事而哭闹。女人的眼泪换来的不是男人的怜爱，而是厌烦。不到关键时刻还是不要流泪。如果这个女人能成熟、理智一点，他们之间就不会产生矛盾。无理取闹只会破坏生活的安宁和幸福，它不能作为解决问题的工具，长期如此只会让双方变得更加暴躁，想愉悦地享受生活就会非常困难。

若是家庭成员聪明机智，那么他们的生活必将丰富多彩。不过智慧再多也比不过一颗温暖、善良的心，它让我们充满爱心，变得善良、正直。它是幸福生活和美好品德的必备品，它会让我们的生活幸福美好，但看不出一丝矫揉造作的样子。如果没有它，生活将是一条布满荆棘的偏僻小路。没有一颗包容的心，双方会无休止地争吵谩骂，周围纵使有好心人也不敢上前劝阻。人的怒火会蔓延开来影响到身边的一切事物，还会波及社会，那时快乐和幸福都被痛苦和折磨取代。

再说到之前那个漂亮小姐，她的丈夫最初就只是看中了她的外貌，结婚后他发现妻子整日郁郁寡欢愁眉不展，不像以前那样漂亮可爱。渐渐地，在他眼里妻子已经没有以前那么漂亮，他也就开始厌烦，他会觉得结婚是个错误的决定。为了摆脱家庭，他终日流连在酒馆里，靠吸烟打牌来麻痹自己。对于这一切，他的妻子只能待在家里唉声叹气，变得更加愁容不展，形成一个恶性循环，他们的生活已经挽救不了了。

孩子的教育至关重要，但是不少父母对这方面却是知之甚少。他们茫然地跟随社会中的坏习惯，把孩子当作一件物品来对待。小的时候捧在手里怕摔着，长大一点了就变成分担家庭责任的劳动力。父母终日为孩子奔波劳碌，哪曾停下来好好地休息片刻？生活也变得乏味无趣，没有温馨和快乐，家庭终日笼罩在愁雾中，夫妻彼此争论不休，相互推脱责任，两人之间的爱意荡然无存。

古语说得好："一无所有的时候，连爱也消失不见。"不过拥有一切也不代表就能拥有爱。衣食不缺的家庭在物质上已经得到满足，精神上则未必。如果这个家庭里的人个个都冷冰冰的，不幽默也不可爱，从不对他人表示关心和温暖，他们也就不可能拥有爱。生活的满足不代表精神的富裕，真正的快乐需要发自内心。

现在的年轻人普遍没有责任心，他们只顾事前享受，没有考虑到事后会有什么样的发展。因此他们在婚前和婚后完全是两种表现。他们不懂有些事一旦开始做了就难以改变，错误的决定只会导致事情朝错误的方向发展。有一句格言是这么说的："婚姻的好坏就像求签的结果一样不确定。"我们应该谨慎对待这件事，花费多一点的时间来思考、斟酌。选择伴侣时一定不能草率得像挑选奴仆一样，不能光看对方的钱财和外表，教养和品德是最重要的。如果你一味关注外表，你的婚姻也许有个美满的结果，但更多的可能是坏的，并且这个坏结果的严重程度要超出你的想象。

不过婚姻像求签这种说法也不完全正确。只要女孩子抛掉电影和小说中不现实的内容，认真学习如何选择好的男朋友，懂得恋爱中的禁忌；而男孩子在选择妻子的时候更多地考虑的是她的品德而非容貌的话，这样促成的婚姻的结果已经在预料之中，它的结果只会是好的，不可能变坏，如此一来我们就不用担心婚姻像求签结果一样阴晴不定。只要男女双方多思考一点，想得更远一点，他们的生活必定是幸福快乐的。

人在一生中不可能不犯错，但错误有大有小，我们不该把自己的余生幸福都用来做赌注。

胆大心细的伟人们

那些日常生活中的各个阶层，司各特都是非常敬佩的。他说，不管一个人做什么工作，他们都是一样的，一国的领袖和普通民众也没什么不同，他们一样在做着自己的工作。

威灵顿在任西班牙联军总指挥时对士兵们应该如何做饭都有明确的指示。他在印度指挥部队作战时，还规定了驮运后勤物资的公牛一天应该走多少路。这件事被传开之后，他的一位朋友问道："你在印度是在研究公牛和稻子吗？我想应该是这样！"

威灵顿说："如果我没有稻米和公牛，我的士兵怎么生存？没有士兵又怎么能打胜仗？"他作战勇敢，态度严谨，谋划精密，带领他的部队取得一个又一个的胜利。而在士兵们的眼里，他是一个令人敬畏的人，也是一个值得尊敬的统帅。

许多伟大的领袖和统帅都有超人的胆色。拿破仑手下的勇将朱诺，已经率领法国军队气势汹汹地赶到门迪戈河岸，而此时威灵顿仍敢一人独自驻扎在该河河口的营地里，并在那里完成了作战计划。恺撒率领部队横穿阿尔卑斯山时，顺便写下了一篇关于拉丁修辞学的论文。罗马帝国的统帅华伦斯坦，率领六万大军与敌对垒，在双方激战的时候，有人发现部队里的牲畜生了病。他立刻冒着危险，让人救治了那些牲畜。

华盛顿是一个很仔细的人。还在小的时候，他开始用好的习惯和方式去学习，并努力让自己把这些好的习惯保持下去。他在13岁的时候抄了许多账单的复本，其中包括签账单、契据和房产协议书等。所有的账单他都抄写得很仔细，这种严肃认真的习惯，在他当上总统以后，依然发挥了很大的作用。

我们看到了一件流传后世的艺术品，我们不知道它当初是经过艺术家的呕心沥血得来的！一场战争胜利，我们却不知道为此胜利的一方已死了很多人！上述不管是艺术家，还是将军或士兵，因为他们的贡献，他们应该获得高尚的荣誉。

那些善于处理各种事务的能人也一样值得被我们称赞。

因为他们也一样，要付出心血才能获得成功，他们也需要坚持不懈的努力。人们平时之所以没有注意到这一点，是因为他们那平淡的事业好像不怎么起眼，却不知道他们也付出了许多心血。

有人认为那些伟大的人物根本不会重视生活中的小事，而事实上真正伟大的人物一定会是勤劳的人，也一定会把日常生活中的小事当成必须解决的事，甚至会比普通的人更认真地解决这些小事。有些事，普通的人可能不愿意去做，因为觉得做这样的事很低下，但他们不会介意，而是满怀热情地完成这些很多人不愿意做的事。通过处理这些小事，也锻炼了他们处理大事的能力，在处理小事到一定的程度后，他们就能够处理大事了。

"一屋不扫，何以扫天下。"如果连小事都做不好，何谈能做大事？

工作之外的兴趣

对工作充满热情的人不会让懒惰来主宰自己，他们永远也闲不住。如果是迫不得已必须先放下某一份工作，那么他们也会立刻去做另一份工作。勤劳的人，永远不会活在无聊的时间里，他们会好好利用每一分钟，总能在没事的时候找到新的工作。而那些懒惰的人则恰恰相反，只会眼睁睁地看着时间慢慢流过。

英国宗教诗人乔治·赫伯特说："我的世界是忙碌的，几乎没有闲着的时候。"

培根也曾说："很明显，勤奋的人一般没有什么空闲的时间，他们也希望能抽空休息一下，谁也不能一直工作，但他们除了一些必需的休息外，从来不过多地休息。"

历史上很多勤奋的人在自己"闲暇的时候"创作出许多伟

大的作品。他们认为，做点事情总比无所事事地浪费光阴要好，因此他们不会浪费一分一秒的时间。

个人的兴趣是促使个人的知识以及能力进步的关键，在某一方面，当人们有了兴趣之后，就会很自然地向着这一方面努力。所以兴趣是一种让人持续努力下去的动力，而且人们也会在自己的这种努力中收获喜悦和成就，因为人们在从事自己感兴趣的事情时会由衷感到快乐和满足。罗马皇帝图密善有一种极为独特的嗜好——捉苍蝇，马其顿国王也有比较独特的爱好——做灯笼，法国皇帝喜欢制锁。

很多人从事的工作是机械而又重复的，这样的职业是有一些压力的，还有其他一些从事有压力职业的人，在劳动之余如果能有一点别的可供娱乐的事来做，是可以大大缓解人的疲劳和辛苦的。幸福和快乐并不一定是你劳动的成果，而是你劳动的过程。

求知的欲望让有些人的兴趣很广泛，因此精力旺盛而又具有智慧的人在工作之余，还会搞一些自己喜好的"副业"。他们中的人的业余爱好，有的是关于科学方面，有的是艺术方面。其中一些人会从事文学创作，从事这样高雅的业余爱好的人不但是高尚的，而且也是一个真正幸福的人。

除了布莱汉姆勋爵之外，许多著名的政治家、军事家都会利用闲下来的时间，从事文学创作和研究，而且他们的努力也结出了不俗的成果。凯撒在戎马倥偬的岁月里写下了很经典的《高卢战记》，古希腊将领色诺芬，在多年的军旅生涯中写下了《远征记》《希腊史》和《回忆苏格拉底》等作品。凯撒和色诺芬的作品行文通晓流畅，风格独特，获得后世的一致好评，而他们也因此被誉为文学大师。

大苏利部长被解除职务后只好过着隐居的生活。而在那段时间里，他写出了《回忆录》。他写书的目的是因为他想到，大家一定想了解自己这样一个有名望的政治家的历史。在写这本书的时候，他还模仿斯卡德利学派的文学风格，把作品写得很有浪漫文学的特色。不过，他生前大家并不知道他还进行过文学创作，在他临终时那些文稿才被世人发现。

法国著名经济学家杜尔哥是重农学派的代表人物之一，在路易十四时期，他曾任财政大臣。杜尔哥因为一些小人的中伤被罢了职，回家后开始研究文学。其实早在杜尔哥还是少年的时候，他就对古典文学很喜欢，这次难得无官一身轻，他又重新对文学燃起了热情。罢官之后，他充分利用这闲下来的时间致力于文学创作。在漫长的夜晚，总能看到他挑灯夜读，虽然他患有严重的痛风病，但他仍然坚持着。在读书之余，他开始尝试创作拉丁文诗。

当代许多法国政治家都把文学当作自己的"职业"。法兰西第二共和国时期（1848—1852）的政治家托克维尔，被选为制宪会议议员，同时他还任宪法起草委员会委员。但这些和他下面的成就比，都不算什么，因为他创作了《论美国的民主》和《旧制度与大革命》等作品。著名的历史学家梯也尔（1797—1877）曾任法兰西第三共和国总统，他同时也写下了《法国革命史》《执政府和帝国史》等作品。法国君主立宪派领袖基佐曾任教育大臣、外交大臣、首相等职，这位著名的历史学家著有《欧洲文明史》《法国文明史》等。政治家拉马丁有诗作《沉思集》。拿破仑三世也有作品，他的《恺撒传》在学院派中也是不得不提的作品。

法国如此，英国许多伟大的政治家也很喜好文学。

英国辉格党下院领袖、外交大臣福克斯，在退休之后开始研究古希腊和罗马文学，而英国皮特首相在任职到期后也做了这样的工作。在研究希腊文学方面，英国联合政府首相、内务大臣和外交大臣格伦维尔称，皮特是最负盛名的人之一。坎宁和韦尔兹利离任后，开始翻译古罗马诗人贺拉斯的作品。众所周知，坎宁极为喜爱文学。关于这件事，还有一个小故事。一次在吃饭的时候，饭桌上的其他人都在一边吃饭一边聊天，而坎宁则和皮特在小客厅中谈论古希腊文学的代表人物。和皮特一样，福克斯也很喜欢古希腊文学，并著有《詹姆斯二世的历史》，这本书尽管还不是很完美，但它还是很有价值的。

在当代政治家中，乔治·科勒维尔·路易斯先生是最有才华、最勤奋的一位，而他最大的兴趣就是文学，而且这种兴趣他坚持了一生。

路易斯先生曾是英国财政大臣、内政大臣、战时秘书长，也是一位十分优秀的实干家，身上有着许多的优点。

济贫理事会就是他亲手创办的，他担任理事会的董事长。他是一位很有才能的行政管理人才，他在每一个岗位都作出了很大的贡献，也因此赢得了国民的盛赞。

公务出众的他还有着广泛的研究兴趣，像人类学、历史、政治学和古文文学等诸多领域，他都有研究，而且都有研究成果。他把自己的研究写了出来，就有了《古代文明民族的天文学》和《论罗马语言的形成》这两本书。这两本书足以流传后世，就算是德国那些最有学问的专家，也需要做过研究才能写出这样的书。对深奥、抽象的问题，路易斯极为感兴趣，他在研究这些问题时会感到快乐和满足。帕默斯顿勋爵对路易斯说："不要走得太远"，意思是劝解他不要因为自己的研究而放弃了公事。

路易斯对文学的热爱确实是出于自己的兴趣和喜爱，他总是和书本做伴，一直殚精竭虑地研究着。要不是他这么不知道爱惜自己的身体，不管什么时候都在看书、思考和研究的话，他也许能多活一段时光。他刚辞掉《爱丁堡之窗》杂志总编的职务，就被任命为财政大臣；而这之后，他在忙完财政预算后，又跑到大英博物馆中研究古希腊名家手稿。

还有许多人和路易斯先生一样，在从政的同时搞文学创作，并从中得到了极大的满足和快乐。这些从政的人不可能一辈子从政，不过他们却可以随时去研究文学，只要他们有兴趣就可以。有趣的是，有些政治家在从政的时候可能会因为政见不合而势不两立，但是他们在文学方面有时候却会有一样的看法。比如，他们都喜欢荷马和贺拉斯诗。

就当下我们这个时期的德比郡的郡长，在他退出政坛后，写了一出著名的《伊利亚特》改编剧本。郡长曾作过很多次讲演，但没有人能记得这些演讲，却对他的这个改编剧本很感兴趣。英国自由党领袖格莱斯顿四次出任首相，但他仍然利用闲暇的时间写出了著名的《荷马和荷马时代研究》。不仅如此，他还编辑出版了《法利利的罗马国家》的译本。保守党领袖迪斯累利先生是英国首相，他在离休之后写了《洛泰尔一世》，这一作品可以万世传诵。

除此之外，英国首相罗素是个政治家，但同时也算得上一个真正的小说家，同时他还是一个很有成就的历史学家。诺曼底侯爵也是一位小说家，而且是一个资格很老的小说家。利顿勋爵把文学创作当成真正的职业，反而把自己的工作——从政看作消磨时间的"一件小事"。

不能否认一些工作能力出众的人的贡献。不过，如果一个人除了工作还有别的梦想，那么为何不去实现呢？为了梦想活着，这才是一个人完整的人生。

不要总是抱怨人生

喜欢抱怨的人，终究成不了气候。他永远不满足现状，在他眼里，没有合适的东西，任何东西都是有问题的。他整天只会抱怨，从来不知道通过自己的努力去改善周围的一切。他认为，生活非常无聊，没有任何意义。他终将伴随着唉声叹气度过这一生。他总觉得自己很孤单，没有人愿意帮助他。在我们的生活中，懒惰的人最喜欢抱怨，就像一个技术最差的工人，经常会说不喜欢他目前的工作一样。

整天抱怨除了影响别人之外，对他的身体也很不利。还有那些嫉妒心非常强的人，在他们眼里，拥有美好东西的人都是他们的敌人。一肚子坏水的人整天觉得烦闷、空虚，因为所有的事情都和他想的不一样。《潘奇和朱迪》是英国一部传统的滑稽木偶剧。里边描述了一个小女孩，她很喜欢自己的玩具，有一天她发现玩具是用麦麸填满的，她就立刻不喜欢这个玩具了。这个小女孩后来出家当尼姑了，她觉得那里才是她的归宿。

目前，有很多年轻人患有严重的心理疾病。有些人整天觉得自己的身体不好，并且见人就会说。可能他们只是想通过此事摆脱一些辛苦的差事，或者想获得更多人的同情。他们却不知道，长时间这样，这种心理病就会加重。

人们都不愿意和自私自利的人交往，因为不管大事小事，他们都会斤斤计较。自私自利的人会在不知不觉中犯下严重的错误。这种病态的心理虽然很顽固，不过通过很好的心理调节和治疗，是可以得到控制的。人的意识和行动是自由的，人们都可以随时支配它们。有时我们可以正确地支配自己的行动，这样的话，我们就会走向成功，并且赢得很多人的尊重。如果我们意识出错了，进而行动也违背了广大人民的意愿，那么我们就会遭到人们的唾弃。

心胸宽阔、乐观向上的人，总会在生活中发现很多美好的东西，从而生活得更加幸福，更加快乐。身心健康的人，能够抵制不良的想法，反对邪恶的行为。因为他们很正直，并且道德高尚。坚强的意志对人们来说很重要，一旦人们具备了这种品质，就会敢于承认错误，改正错误。人类通过努力，创造出了美好的世界。作为世界一员的我们应该热爱世界、热爱生活，做一个快乐、幸福的人。一个人拥有一个好心态很重要，因为它决定着这个人的幸福和快乐。

我们要对生活负责。不管遇到什么问题，都不能懈怠，要正视它，解决它。有时候看似一个小问题，我们就忽视了它，可是它存在着很大的隐患。

我们有时候被烦恼和忧愁折磨得很憔悴，可是这种烦恼并不存在。只是我们把一个小问题想得过于复杂，所以就生出了烦恼。这个小问题如果和大灾难比起来，根本不值得一提。可是我们总是夸大生活中的小问题，以至于把很多小问题聚集在一起，压在我们心里。本来应该把一个个小问题解决，然后从我们的记忆中抹去，而我们却把这些问题堆积在心里，使自己陷入永无止境的烦恼中。

有些父母太过于溺爱孩子，以至于让孩子失去本应该属于他的快乐。由于父母过于疼爱孩子，对孩子是百依百顺。等这些被宠坏的孩子长大后，不但不听父母的话，而且还会违背父母的做法，这时候，父母会觉得很无奈。这样的孩子有可能会走向犯罪的道路。心态决定着一个人的幸福。一个心态不好的人，整天愁眉不展，觉得生活没意思。长时间处于这种状态，就会对生活失去希望。这样的人看不惯很多事情，总喜欢抱怨，在他眼里，生活中除了沮丧什么都没有了。他的心灵已经扭曲了，看什么都不顺心，天天哭丧着脸，唉声叹气。他从来不参加集体活动，更不喜欢和别人交流。痛苦和烦恼占据了他的心灵，实际上，他在埋怨别人的同时，心里也很难过，这是何必呢？他除非把自己的心态调整好，否则，他不可能得到幸福和快乐。

有些人总觉得自己运气不好，不如别人。在他眼里，世界上所有的人都是他的敌人，他比任何人都倒霉。曾经有过这样一个传说，有一位卖帽子的人，他认为每个人都与他作对，就连上帝也是。他觉得上帝为了不让别人买他的帽子，就会让人一生下来就没有头。"那些愚蠢的人往往是最不幸的人。"这是俄罗斯的一句名言。

经常抱怨自己运气不好的人，总会处世不当，一生贫穷。约翰逊是一位医生，刚开始到伦敦闯荡的时候，非常穷，身上只有一点小钱。他曾经给贵族迪纳莱斯写过一封信，他在信里清晰地描述了自己。信中这样写道："每个人的命运都是公平的。那些总认为自己倒霉的人，终将会走向失败。而真正的天才永远都不会被埋没。"

美国作家华盛顿·欧文和约翰逊的观点一致。他说过这样的话："那些懒惰、没有坚强意志力的人永远都不会走向成功。他们总是在人们面前为自己找借口，说他们的才华都被埋没了。谦虚会使人进步，可是过分谦虚，就会使人目光短浅、做事不积极，并且很冷漠。聪明、有素质的人，从来不会蜷缩在家里，等待成功的到来。他们很清楚自己需要什么，下一步该怎么做。过分谦虚的人总是和成功擦肩而过，懒惰的人总能为自己找出没有走向成功的借口。只有具备勤奋、机灵、上进心的人，才可能走向成功。躺在洞里睡觉的狮子不如为主人看门的一条狗。"

不要总是抱怨人生，抱怨会积聚太多的负能量，让你止步不前。

烦恼光顾焦虑不安的人

道德家并非什么事情都能做到。有个人非常沉闷，一副忧郁的样子。一天，他找到一位很有名的医生，想把自己的病治好。他把记录下来的病情拿给这位医生看，医生看后说："你的病很好治，最好的良方就是痛快地大笑。你最好去看一场格里马尔迪的表演，他可是英国著名丑角。"

那些焦虑不安的人心胸都很狭隘，他们根本体会不到生活的快乐，整天处在烦恼当中。有些人控制不住自己的情绪，总是莫名其妙地发火，没有人愿意亲近他们。他们为了一点小事就会大发雷霆，有时候也会和别人大打出手。他们的生活里掩埋了很多炸药包，一不小心就会爆炸，不但伤害自己，也会伤害他人。就连快乐和幸福也会躲着他们。

他们总是惶恐不安，就好像光着脚走在荆棘上一样。美好的生活对于他们来说没有任何意义。理查德·夏普曾经说过："我们一定要正确对待小问题，要不然小问题就会越积越多，从而转化为大大的烦恼。比如说，一根不起眼的头发，可能会导致一部大型机器停止运转。我们只有处理好小问题，遗忘小问题，我们的生活才会更加快乐。我们要善于发现生活中的趣事，正确处理生活中的琐事。这样，我们的心情就会非常舒畅。"

圣·弗朗西斯·德·沙列斯是一位基督教徒，他说："我们只有拥有高尚的品质，才能真诚面对基督耶稣。"

"你所说的高尚的品质指的是哪些呢？"有人问他。

"善良、有耐心、待人温和、真诚、谦虚、乐观、具有同情心等。我们应该具备紫罗兰的特征：心灵纯洁、品德高雅。如果把人比作花朵，芬芳就好比谦虚的美德，如果没有芬芳，花朵就会失去了关注。谦虚也是一个非常重要的美德。如果我们把船比作美德，那么橹就是谦虚。"

他接着说："人要从不同的角度看待问题，不能仅限于眼前的痛苦，而忘却了周围的美好。当我们看人或看事的时候，如果看到的是不好的一面，我们要静下心来想想好的一面。要学会全面看待问题，对人或者对事都不能太强求。宽阔的胸怀能够消解心头的烦恼，不断地自我反省能够升华自己的品德。愤怒的烈火会被真诚的笑容和善意的言语浇灭。一颗真诚的心，能够换来甘甜的果实。邪恶不敢接近仁慈、宽厚的人。"

如果一个人心中积聚了很多烦恼，时间一长，这些烦恼就会把整个人压垮。尤其是年轻人，更不应该畏惧烦恼和痛苦，一定要正视它们，敢于解决它们。曾经有一个年轻人，觉得生活中充满了烦恼和痛苦，整天忧心忡忡。为了早日摆脱困扰，他就写信求助伯瑟斯。伯瑟斯看了年轻人的来信后，认真地回复了他，这封信挽救了这个年轻人，使他摆脱了困苦的生活。

伯瑟斯在信中这样写道："我活了大半辈子了，以我的经验来看，你必须重拾信心，对未来充满希望，勇敢地追寻自己的梦想。人生路上会有很多困难，要敢于面对，不能退缩。社会是不断变化的，我们一定要努力改变自己，适应社会，只有这样，我们才能体会到生活中的快乐。所有的事物都是变化的，我们也得随之而变。不管做什么事，一定要灵活，能够随机应变，这样我们的心情才会舒畅。

"人们不可能一成不变。一年四季来回变化，花开花落。我们生活在不断变化的大地上，也会随着大地的改变而改变。如果人们不随着季节、天气变化，就不可能适应世间的生活。我们除了学习高尚的道德之外，还要习惯于四季的变化、气候的变化。一切都要顺应天意才行。如果我们不知道随着季节改变自己，就不会取得成功。冬天已去，春天即将来临，而我们却不知道，仍然站在冰冷的雪堆中折磨自己，没有比这更愚蠢的了。"

一个人的烦恼，很多时候是由自己的焦虑不安引起的，因为不知道怎么办，不能开解自己从而引起一系列的连锁反应。所以不妨静下心来，客观看待问题，从自己身上着手，拾起勇气，勇敢去面对和解决问题，烦恼自然就会消失。

应对生活充满希望

一个人只有对未来充满希望，才会取得成功。哲学家泰勒斯说："即使一无所有，也不能放弃希望。"希望是人们走向成功的基础，有人把穷人的面包比作希望。希望支撑着穷人，它给穷人带来了勇气和力量。据有关资料记载，亚历山大当上马其顿国王后，把他父亲留下的遗产全部分给了亲朋好友。伯尔迪卡对亚历山大说："你把金钱全部分给了别人，你什么都没有了。"

"不，我拥有希望，它才是最珍贵的。"亚历山大说。

希望代表未来，而回忆只能代表过去，不管回忆多么美好，它毕竟过去了。拥有希望的人才会走向成功，希望是取得伟大事业的基石。有了希望，就有了奋斗的动力。长长的火车只有受到车头的牵引才会前行，火车头的动力来源于希望。拜伦说："没有希望，盲目前行，最终只会走向地狱。过去一直留在我们的记忆中，不管它多么重要，我们都要学会忘记，不要让它阻碍我们前进的步伐。我们要克服眼前的所有困难，只有希望，才能指引我们走向成功。"

一旦失去了希望，生活就没有意义了。希望可以改变一个人的性格。有位思想家曾经说过："我很想快乐，但是我不知道该怎么做？我也不知道自己到底有没有希望。"

传教士凯里心胸豁达，并且很有胆识，他最终能够走向成功一点都不奇怪。那时，凯里还生活在印度。他简直就是一个工作狂，只有换岗的时候他才休息一会。他有三个秘书，每天都累得筋疲力尽。凯里的父亲给别人修鞋，后来他请了两位助手。一位是个木匠，一位是个纺织工，这两人分别是沃德和马莎姆的父亲。凯里的父亲在他俩的帮助下，建了十六个繁华的车站，还在斯兰建了一所学院。不仅如此，他们用十六个国家的语言把《圣经》翻译成了十六个版本，这样各国都能方便地读到《圣经》了。凯里小时候，家里很穷，但是他从来没有自卑过。

有一次，凯里在地方政府主管的办公室听到："你告诉我，凯里原来是不是一个修鞋工？"这是一位反对他的官员说的，他正在询问别人。凯里走到这位官员面前，大声说："先生，你说的不对，当时我只不过是一个补鞋的。"凯里很小的时候，就有很强的毅力。有一天，他爬到树上玩耍，由于没有站稳摔了下来，腿被摔断了。他只有静静地躺在家里养伤，几周后，他能够下地走路了。他直接奔向那棵树，咬着牙爬了上去。后来，凯里成为一位伟大的传教士。

杨博士是一位哲学家，他曾经说过这样一句话："不要羡慕别人的成功，你自己也一定能行。"在杨博士实现理想的过程中，经历了很多困难，不过他从来不会退缩。只要他决定的事情，不管多么困难他都会完成。发生在他身上的一件小事就能体现出他的个性。那是他第一次骑马，马夫把栅栏加高了一些，杨博士想骑着马跨过栅栏，可是一不小心，他从马上摔了下来。他没喊痛，又骑上马去跨栅栏，仍然没有成功，幸运的是，这次他没有摔下来。他坚强地又试了一次，终于跨了过去。

只要你有希望，就没有跨越不过的障碍，也没有战胜不了的敌人。

勇气，赋予了一种力量

普通如音乐和语言那类女子教育远不如勇气教育来得重要。理查德·斯尔认为，女子应该学会一点规矩，那并不是让她们显得可爱的卑微。要教给这些女子坚强与勇敢，让她们明白其重要性。这样，她们会学会独立养活自己，做个有益于社会并且快乐幸福的人。

谁也不会觉得胆怯和恐惧是可爱的东西。精神与肉体上的软弱都是不健康的，是邪恶的东西。它们会阻碍兴趣的发展。勇气是崇高的，也是优雅的。恐惧不管以何种面目出现，它都是让人厌恶的存在。文雅是勇气的一种面目，温和同样也是勇气的表达形式。在写给女儿的信中，艺术家阿里·谢弗说道："我的宝贝女儿，你要有古道热肠。你要努力锻炼，让自己成为一个有着优良勇气的人。这是女孩必须具备的优良品质。困难每个人都要面对。对待命运，你无论是幸福还是痛苦都要抱有正确的态度，那就是保持端庄的举止。我们在任何情况下都要具有勇气。它会让我们能够保护我们自己和身边的爱人。奋斗不止，这就是生命的精髓。"

女子最少抱怨、最勇敢的时候大多是在她遭遇悲剧和病痛折磨的时候。在面对不幸与痛苦时，女人表现出了与男人一样的非凡勇气。可是女人在现实生活里总被一些细小的痛苦所折磨。她们的情感会在这细微的痛苦持久作用下病变，更可怕的是，她们可能会被折磨致死。

对这种情感进行最后的矫正需要健康的道德和心理训练。在女子的品格发展过程里，精神力量是不能缺少的。这种精神力量同样也是男子必须具备的。女子在危急之时就是凭借这种精神力量捍卫美德与信仰，她们那时与男子一样勇敢。女人的青春虽然同时间一起流逝了，可是在她们身上，心灵与品格的光辉却日渐耀眼。

在诗中，本·约翰逊活灵活现地描述了一个女子，一个高贵女人的形象："我心中的她，优雅却不高傲。她在我心中是仁慈、友爱和善良的。她是博学的、是勇敢的。她有着无穷的魅力。她能独立劳动，会制作衣服。她能自己掌握命运。她有着属于自己的时间。她拥有自由。"

女子身上也会有英雄那样的忍耐勇气。我们能在历史上找到例子，格特鲁德·冯·沃特的事迹就能很好地证明这个观点。她丈夫被人诬告，罪名是参与杀害了艾伯特皇帝，被判处了车裂的极刑。她坚信自己的丈夫是无罪的，她无视皇帝的愤怒，在严寒之中陪伴丈夫守候最后的两天时间。她希望，这样的行为可以使她丈夫获得安慰，减少死前的痛苦。

女子除了拥有杰出的柔弱勇气和责任感，在有些时候，她们也能表现出英勇的气质。一群阴谋者冲进了詹姆斯二世在泊斯的住所，他们企图谋杀国王。国王在这危难的时刻，把其他卧室的夫人招来，要她们守护大门为自己赢得逃走的时间。大门被这些阴谋者砸开了，他们在冲进夫人们房间前发现隔栏不见了。凯瑟琳·道格拉斯在他们逼近房门时，展现了自己非凡的勇气，她用自己的手臂把大门紧紧地抵住。阴谋者们拔出了剑，斩断了她的手臂。屋里的夫人们对闯入的阴谋者们毫不畏惧，面对他们刀剑的羞辱誓死不屈。

威廉·拿骚和科里奇海军元帅，他有个光荣的后代叫夏诺特·德·特李茉莉。她坚守着莱瑟姆家族的事迹，她勇敢的行为表现出了女子崇高的英雄气概。在军队面前，她毫不畏惧，她说道："我只忠诚于我的丈夫和家庭。要想让我投降，只有我丈夫能够做到。"她坚信自己会被上帝解救。人们看到她布置防御时说道："她没有遗漏，所有事情安排的都合理。在她的忍耐之中也有着坚毅的一面。"她就是凭着这股勇气在家与敌人对峙了一年。她面对敌人历时三个月的猛攻，勇敢地抵抗着，这围攻直到皇家军队在战场上获得进展时才予以解除。

人们永远都会记得富兰克林夫人所表现的勇气。在人们对找回富兰克林都不抱希望时，她坚持到了最后一刻。皇家地理学会为此奖励了她，授予她"发现者奖章"。罗德里克·默契森，这位富兰克林夫人的老朋友说道："她那优秀的品质总是在激励我前行。在一连串的失败面前，她依旧不放弃自己的信念，信心满满地前进。她在这股力量的帮助下在微弱的希望里度过了12年。在麦金托克的领导下，她做了最后一次勇敢的探险。她的丈夫在探索一条西北通道时遇难，可是她当时已经横渡了那无人通过的广阔海洋。他夫人的奖章也是对其发现的表彰。这个奖章，富兰克林夫人是有资格领取的。"

在一些仁慈之事上，女子更容易表现出恪尽职守的勇敢品格。这些爱和善良的事迹是女子们私下的行为，由此也不被世人所知晓。付出就会有回报。女人往往会把名声看成是一种负担。弗赖夫人和卡朋特夫人是众人皆知的监狱探访者和改革家，她们的事迹很出名。奇泽姆夫人和赖伊夫人也因为促进移民事业发展为人熟知。南丁格尔小姐和奈特小姐在医护事业中的贡献更是世人传颂的事迹。

她们的道德勇气使这些贤明的女人们成为慈善界的领袖。人们一般认为女人该闭门不出，文静地生活。很少有女人为了有意义的事业而走出家庭。可是只要具备了决心，那她们是无法阻拦的了，任何阻挠都无法停止她们前进的双脚。热心和能力才能让人们去帮助身边的人。在从事慈善事业的人看来，她们人生道路中最应该完成的义务就是将慈善进行到底。她们的慈善举动不为名利，只为求得良心的无愧。

与弗赖夫人相比，莎拉·马丁在探访者中并不算出名。可是在这项工作上，她可是弗赖夫人的前辈。在她的工作里充分地体现了女子真挚的勇气。她很小的时候就成了孤儿，家里也很穷。最后，是她祖母养育她长大。住在雅茅斯附近的卡斯特，她靠着帮别人做衣服每天获得一先令的酬劳，她靠此为生。1819年，发生了一件母亲虐待孩子的案件。犯人受审后被关在了雅茅斯监狱。大家都对这件事议论纷纷。莎拉·马丁为此事震动了。她想去监狱探访这名女子并感化她。这种类似的想法，她以前也有过。她每次走过监狱外的围墙时，都想能获得进监狱探视犯人的许可令，她想为这些罪人朗读《圣经》，让他们心灵得到救赎，改过自新，重回社会。她这次无法抑制这种冲动，她很想见这位母亲。她马上去监狱向看守说明了自己的意图。她的请求因为各种各样的原因遭到了拒绝。可是在她锲而不舍的拜访和请求下，她最终获得了监狱的准许。她如愿见到了那位母亲。当她说明自己的来意时，这位母亲感动得连声道谢。眼泪和感谢也从此成了莎拉·马丁这之后人生经历的旅伴。这位可怜的女人会在工作之余去探访这些罪人，为了减少他们的痛苦而努力地疏导。她成了犯人们的老师，同时她也是犯人们的牧师。她教他们读书写字，为他们朗读《圣经》。她认为自己的行为是上帝喜悦的。她教女犯人们工作，把她们那些手艺活的酬劳用于买书，从而教授她们学习。她教男犯人制作男式帽子和衬衫，还教他们怎样缝制布片。她的教授让他们的生活变得充实，也使他们改过自新，避免再犯错误。犯人们在日积月累的劳动里形成了一笔基金。她用这笔钱为犯人们安排出狱后的工作，让他们迎接新的生活，诚实的生活。她会监督他们的行为，督导他们走回正确的道路。莎拉·马丁的制衣工作被她狱中的工作所拖累，要想继续制衣，只能舍弃狱中的工作。可是，她最后还是选择了狱中的事业。她说道："我是深思熟虑后作出决定的。我会因为教诲犯人们重返正途而陷入贫穷之中。可是这与上帝赋予我的伟大职责相比，是不值得一提的事。"她每天依然把六七个小时花在监狱里。在她的教导下，那些犯人们不再懒惰，高兴地去做那些能够完成的事情。有些新来的犯人会对她的规劝不屑一顾，可是她用真心去与他们交流，最后赢得了他们的配合与敬意。不同类型的罪犯都被她的仁慈感化了。不管是伪君子、小偷、惯犯，还是失足少年、淫荡女子，各式各样的罪犯都乐于听从她的教诲。他们在她的监督下学习。犯人们信任这位女性。她也把自己的泪水、祈祷和同情献给了他们。她让他们重拾信心。她鼓励他们重归正途。

　　她是位善良而真诚的女人。把二十余年的年华献给了这一高尚的事业。身边很少有鼓励和支持她行动的人，她靠的只不过是祖母留下的10英镑和自己微薄的收入来维持这份事业。她的无私行为打动了监狱当局，他们因为她省去了老师和牧师的开销，作为补偿，他们在她最后的两年工作里付给她12英镑的年薪。可是她不接受这笔钱，当局的做法让她的感情受到了伤害。她不愿把自己的高尚事业与金钱联系在一起。监狱当局对她的拒绝表示出非常大的不满。威胁她说，要是想继续进入监狱就必须接受这笔工资。最后两年，她只得接受监狱对她工作的感谢，领着年薪从事着她的事业。她最终被监狱的工作弄得疲惫不堪，渐渐力不从心了。在她死前，她开始创作圣诗。她以前也会在闲暇之时写点诗。她的诗在文学上并不出色，可是里面却饱含了她真诚的感情。她自己人生的伟大诗篇要比她写的诗歌更为伟大。在那里，满是真正的勇气、无上的智慧和坚强的毅力。正如她写道的"我非常渴望所有的人都能在上帝的关爱下生活。"

　　勇气，是战胜挫折，突围困境的最大力量。

工作时保持愉快的心情

工作的好坏和性情有很大的关系，愉快的心情能够使人们工作效率更高，工作质量更好。最主要的原因就是愉快的心情能够增强人们的忍耐力。实验证明，智慧来自愉快的心情和勤奋的努力。愉快实际上就是一种幸福，愉快的心情能够促进成功。愉快的心情有助于高尚品质的培养，人生最大的乐趣就是轻松自在、明确自己的工作。

西德尼·史密斯曾经居住在约克郡的弗斯顿，他在那里做一名教区牧师。他工作的时候总是很快乐、很轻松，尽管他不喜欢这份工作。他有很强的决心，不管他做什么事情，总是要求自己做到最好。他曾经这样写道："虽然我不喜欢这份工作，但是我绝对不能放弃。我要改变自己，让自己善于从工作中发现快乐。不过这件事实施起来很难。给上级写封信，希望调动工作，其实很容易，不过我不会那样做。"

胡克教授为了追求自己的理想，离开了利兹。他在临走的时候说："我会认真对待每一份工作，并且会把它做好。不管我走到哪里都会这样。"

公益事业是一个漫长的过程。如果想把它做好，一定要有耐心，并且要长期努力。只有这样，才能看到成效。公益事业就像埋在积雪下的种子，经过漫长的冬季，春天到来时，它才会生根发芽，长出幼苗来。可是有很多公共事业家们没等到结果，就去世了。罗兰·希尔算是幸运的一个，他目睹了自己努力的成果。他在格拉斯哥大学当教授时，非常勤奋，工作认真，终于研究出了社会改革措施。

愉快地工作对年轻人来说很重要。因为愉悦的心情能够放松人们的精神，从而提高工作效率。在面对困难的时候，只要我们心存希望，一定能够打败它。愉快的心情有助于我们走向成功，因为它能改变当前的形势。这种愉快不仅能够影响自己，而且也可以感染他人。愉快的心情能够激起人们工作的热情。有了这份热情，即使在最普通的岗位上，也能把自己的能力发挥得淋漓尽致。并且工作的时候一定要全神贯注，只有这样，效率才会更高。

休姆是一个追求快乐的人。他认为，一个人只有心情愉快，才能看到事物最美好的一面，并会从中体会到更多的乐趣。格兰维尔·夏普工作起来废寝忘食，但是他从来不会忘记，在工作的间隙放松一下自己。有时候，他会去邻居家里参加晚会。到那儿之后，他会唱歌、吹笛子、吹双簧管。每周末，他都会去教堂演出。他偶尔也会画几幅漫画调节一下自己的情绪。弗韦尔·布克斯顿也很喜欢放松自己。除了参加一些家庭活动之外，他会跑到乡村，和孩子们一起骑马。

阿诺德先生非常乐观。他热爱自己的工作，把全部精力都投入到了教育年轻人的事业中。他的自传得到了大家的好评，他在书里这样写道："拉勒汉派系最显著的特点就是：它的气氛特别轻松、愉快。即使一位刚来上班的人，也会感受到这份激情。这里的每一个人都会快乐地工作，并且工作的时候都很专注，因为他们的心情很愉快。人们在这里都能体会到自己的价值，年轻人之间的交流非常热情。他们的内心深处充满快乐。"

"要想产生浓厚的热情和尊重之情，必须先学会尊重自己，尊重他人，知道自己在做什么，自己的职责是什么。这些都建立在真理和现实的基础上，它们都属于宽广、仁厚的品德。只有具备这种品质的人，才会意识到自己是为整个人类工作的。一个人会通过工作发展自己，社会也会通过人们的工作而发展。这里没有单方面的追求与不公平，也没有大家认为的好工作。人类的使命就是工作，在人们的意识中，只有平凡和认真。人们通过工作，可以提高自己的能力，只有不断提高自己，才会加速走向成功的步伐。"

阿诺德是勇士豪德森的老师，豪德森从这位伟大的老师身上，学到了很多有价值的东西。在他写给家人的一封信中，他提到了他的老师："他对我们的影响太大了，我在印度就能感受到，并且这种影响是永远挥之不去的。"

工作时保持愉快的心情，不仅仅能够让自己提高效率，还能影响周围的人，一起提高，成就伟大和不凡。

言行举止体现个人魅力

莎士比亚曾经说过："一个人如果谈吐不凡，举止文雅，并且拥有宽阔的胸怀，那么这个人就是绅士。"

一个人的魅力可以通过风度和行为举止来体现。如果一个人具有风度，那么他待人肯定很有礼貌，并且举止优雅。一个人拥有了优雅的举止，即使他很普通，也会受到人们的尊敬。一个人是否具有风度，从他的言谈举止中就可以看出来。一个注重细节的人，往往很受人们欢迎。与有风度的人交往，会让人觉得很舒服。

有人认为，高雅的举止和外在的仪表并不重要。事实证明，他们的想法是错误的。高雅的言谈举止可以给人增添光彩，会促使人们走向成功的道路。我们应该承认这个道理：一个人要想尽快走向成功，必须具备优雅的行为。米德尔顿大主教曾经说过："如果一个人声称自己具备高尚的道德，但是举止很粗鲁，他就很难取得成功。"

一个人的行为举止和形象是分不开的，好的行为会使自己的形象变得很高大。一个公司在管理员工的时候，他们看重的是一个人的言谈举止，关于内在的东西到底有多少，他们只是略微了解一下。

交往的时候，优雅、友好的言谈举止很重要，它能使人们心情愉快。如果经常与具备这种品质的人交往，理想就会很快变为现实。因此我们应该改掉坏习惯，培养优雅的言谈举止。如果两个人经常有生意往来，可能会因为一方低俗的言谈举止而中断合作。

不管在什么场合见面，第一印象都是最深刻的，人们都希望对方是一位谦虚并且很有礼貌的人。

只有具备优雅的风度、得体的言谈举止，并且待人友善，别人才会信服你，愿意与你用心交谈。人们都喜欢有礼貌、谈吐得体的人。相反，那些粗鲁无礼的人会使人心烦，可以说没有一个人愿意和这样的人交流。

我们会经常听到这样一句话，就是风度可以塑造一个人。一个笨拙、鲁莽的人，他并没有风度，不过他有一颗慈善的心。所以说，并不是所有善良、品德高尚的人都具有风度。但是，如果一个人具有优雅、谦卑的风度，并且有一颗善良的心，那么他就是一位令人称赞的绅士。这样的人不但可以给人们带来快乐，而且还会为社会创造很多利益。

哈金森对人很真诚，并且很谦虚。他的夫人曾经这样评价他："生活中，他是一位和蔼可亲的人，他不但对人诚实，而且具有宽阔的胸怀。他从来不会看不起那些穷人，不管他们的身份多么卑微，他都会尊重他们，并会很有礼貌地与他们谈话。对于那些有权有势的人，他从来不会去巴结他们。只要他有时间，他就会和那些穷人或者普通的士兵们真诚地聊天，他喜欢他们的朴实，并且这种喜欢是发自内心的。"

从一个人的行为举止可以看出这个人的品质、性格。比如说一个人的爱好、习惯、情感等都可以通过他的行为表现出来。最普遍的生活方式与一个人的修养可以说没有太大的联系。通过修养和教育形成的行为习惯，可以把一个人的性格、气质表现得淋漓尽致。我们一定要养成良好的生活习惯，只有这样我们才会具备一定的风度。

情操是否高尚也会影响一个人的风度。一个人要想生活得更加快乐，除了具备修养和高雅的举止外，还要具备高尚的情操。我们不能小看情操，因为情操并不亚于天才和成就。一个人爱好什么或者性格怎么样，直接受到情操的影响。同情心是一种伟大的品质，它能让人与人之间没有戒备，它能使人胸怀开阔、礼貌待人。

礼节要发自内心，人为定制的礼节只不过是一个摆设，故意装模作样，没有丝毫价值。在这种人为的礼节中根本找不到诚实、礼貌的品质。说白了，一个人只有具备了优雅的风度，才可以从内而外展现出真正的礼节。因此，并不是所有的礼节、礼仪都是礼貌诚实的表现。

要想具备优雅的举止，必须培养善良、谦虚、礼貌的品质。通过礼貌就可以看出一个人是否尊重其他人，或者是否关爱其他人，它并不仅仅是一种外在的表现。礼貌在我们的日常生活中是一项必不可少的品质，当然，礼貌并不是必须用来表示关爱。行为得体和举止优雅几乎是一个意思。有一段话非常有道理，它是这样说的："拥有一张漂亮的脸蛋不如有一个优美的体型，而妖娆的体型不如拥有优雅的举止。只有优雅的举止最具有魅力，即使那些著名的雕塑或者画卷也比不上它。"

财富和权利会让你赢得跟随者，但是并不能为你获得所有人的尊重，唯有优雅的言行举止，才能让你更受人尊重。

塞缪尔·斯迈尔斯名言

有关读书

一本好书，犹如一个生命的精华。

书是人类奋斗史上最为不朽的硕果。

古往今来，好书总是人们最好的朋友。

书引导我们生活在一个最美好的社会里，让我们置身于古往今来那些伟大的心灵之中，瞻仰他们的风采，亲沐他们的行谊，聆听他们的言论，坐育其间，分享他们的喜怒哀乐，吸取他们的经验，不知不觉地把自己融进他们匠心独运的幽美意境之中，如沐春风，一生都受用不尽呢！

有关心态

有什么样的心态就有什么样的选择，有什么样的选择就有什么样的结果！所以说，生活完全是由人的心态造成的。

有关意志力

财富掌握在意志薄弱、缺乏自制、缺乏理性的人手中，就可能会成为一种诱惑和一个陷阱。

人若有志，万事可为。

如果内心的觉悟不够坚定，肉体也会因此变得迟钝吧！

每一个自身拥有意志力和自由活力的人，如果能大胆地发挥这些力量，他就能够对朋友和伙伴作出自己的个人选择。只有那些意志薄弱的人才会成为个人倾向的奴隶，或者放弃自我、完全效仿他人。

勇敢的好人是这样的人：他坚定地运用自己的自由意志，不断训练自己，最终获得了美德的习惯。而坏人是这个样的人：他任由自己的自由意志沉睡不醒，放纵自己的欲望和激情，从而获得了邪恶的习惯，最终就像被铁链捆绑住了一样。

有关节俭

节俭、规划生活，为未来做准备，不是为了要将钱财藏入金库，也不是为了要有仆人服务，只是为了独立的人格尊严和不受别人的奴役之苦。

有关幸福

如果生活只有晴空日丽而没有阴雨笼罩，只有幸福而没有悲哀，只有欢乐而没有痛苦，那么，这样的生活根本就不是生活——至少不是人的生活。

有关品德

有比快乐、艺术、财富、权势、知识、天才更宝贵的东西值得我们去追求，这极为宝贵的东西就是优秀而纯洁的品德。